National Competency Standards **NCS**

http://www.ncs.go.kr

헤어미용 직무능력표준 학습모듈

기본 **헤어커트** 실습서

유세은 저

구민사 Technology Computer

머리말
PREFACE

산업현장에서 가장 기본이 되는 헤어커트는 고객이 원하는 내적욕구와 고객의 신체적 특징 디자인, 트렌드를 반영하여 시술해야 한다. 헤어커트가 하나의 디자인으로 완성되어 작품이 되기까지는 기본 베이직이 잘 되어 있어야만 가능하다고 할 수 있다.

베이직을 기본으로 구성되어져 있는 이 실습서는 기본헤어커트의 워트북으로 완성된 커트를 보고 도해도를 그리는 법과 도해도를 보고 커트를 할 수 있는 법 등을 실습하는 과정에서 자유롭게 그릴 수 있도록 되어 있다.

또한 이 실습서는 NCS의 소개와 기본헤어커트의 구성요소, 학습모듈 개발 구상도 운영지침과 평가계획, 평가기준, 평가결과를 학습자와 함께 공유하고 평가 결과에 따른 피드백을 반듯이 받도록 되어 있다.

커트의 베이직 과정인 이 실습서를 다 마치고 나면 다음 단계의 응용헤어커트에 도움이 될 것이고 미용을 시작하는 학생들에게 현장에서 기본이 되고 디자인의 기초가 되는 헤어커트를 하는데 지침서가 될 수 있을 거라 믿는다.

이 실습서가 완성될 때까지 수고해주신 구민사 조규백 대표님과 직원 여러분께 깊은 감사를 드립니다.

저자 씀

차례
CONTENTS

기본헤어커트 실습서 사용안내

소 개

이 실습서는 대분류 숙박, 여행, 오락 중분류 이·미용 소분류 이·미용 서비스 세 분류 헤어미용의 직무로 기본 헤어커트의 능력단위인 헤어커트작업을 수행함에 있어 필요한 지식과 기술, 태도에 대한 내용으로 작성되었다.
또한 기본 헤어커트의 능력단위와 능력단위 요소에 없는 내용도 산업체의 요구에 의해 포함되어 있다. 산업체 현장에서 헤어디자인의 기본이 되는 헤어커트를 고객에게 시술함에 있어 가장 기본이 되는 커트준비하기로 고객에게 커트의자로 안내하고 커트보, 어깨보 등을 착용하는 단계이다. 커트준비를 마치면 기본 헤어커트 시술하기로 도구활용법 올바른 자세 블로킹 슬라이스 시술각도 등의 수행준거와 관련된 지식과 이론을 바탕으로 원랭스, 그레쥬에이션, 레이어의 기본 헤어커트유형을 시술하는 단계이다. 커트시술 후 기본 헤어커트 마무리 단계에서는 얼굴과 목 등의 묻은 잔여 머리카락 제거, 헤어커트 도구와 시술 주변 정리, 고객 만족도를 파악하여 필요한 경우 소정 보안의 마무리 커트를 할 수 있고 커트 유형별 헤어스타일을 연출하는 마무리단계로 구성되어 있으며 이 전 과정을 수행하는 실습서로 내용이 구성되어 있다.

구 성

기본 헤어커트 실습서는 사용안내, NCS기반 강의계획서, 주차별 학습내용과 평가계획서, 교과목 명세서등의 운영지침과 직무능력 평가서, 평가 결과서 등의 평가지침, 학습모듈, 실습서로 구성되어 있다. 사용안내는 전체적인 개요와 구성을 설명하고, 학습자에게 효과적인 활용방법 및 학습방법을 안내하는 역할을 한다. 또한 강의계획서와 주차별 학습 계획서 등의 운영지침은 평가를 위한 지침서로 활용하고 자가진단평가서는 학습모듈을 학습하기 전에 기본 헤어커트능력에 대한 학습자의 현재 수준을 진단하고, 학습자에게 필요한 학습활동을 안내하는 역할을 한다. 또한 실습서는 워크북 형태로 학기를 마감할 때 학습자의 수행과정을 한 눈에 알 수 있도록 구성되었다.

실습서는 3가지 모듈로 구성되어 있으며, A-1 기본 헤어커트 준비하기, A-2 기본 헤어커트 시술하기, A-3 기본 헤어커트 마무리하기로 구성되어 있다.

A-1 기본 헤어커트하기에서는 고객에게 커트준비를 하는 것에 대해 설명할 수 있고, A-2 기본 헤어커트시술하기에는 준비된 고객에게 시술을 하기 위한 단계로 가위 잡는 법, 가위질 하는 법, 커트를 할 때의 자세, 고객의 모발을 나뉘는 블로킹, 커트를 위한 슬라이스 시술하기, 두피의 각도 등에 대한 이론과 실습을 익힌 후 기본 헤어커트 종류인 원랭스, 그레쥬에이션, 레이어커트를 시술하는 내용으로 구성이 되었다. A-3 기본 헤어커트 마무리하기는 커트가 끝난 후 고객에 목, 얼굴 주변에 묻은 머리카락 제거, 시술도구 정리 정돈, 커트의 수정보완, 헤어스타일 마무리하는 내용으로 구성되어 있다. 또한 이 모듈에서는 직무를 수행할 수 있는 워크북 형태로 구성되어 있고 각각의 학습모듈은 학습목표, 학습내용, 수행내용, 교수·학습방법, 학습정리, 수행평가, 피드백, 참고자료로 구성되어 있다.

학습목표에는 주차별 학습목표와 학습목표에 따른 체크리스트를 통하여 수행정도를 파악하고 달성 목표를 구체적으로 제시하였다. 학습활동은 교수학습방법으로 구성되었으며, 교수·학습방법에는 주요하면서도 기본적인 내용이 제시되어 있다. 마지막으로 학습정리는 학습내용에 대한 중요사항을 정리하였으며, 수행평가에서는 각 학습모듈의 학습을 마친 후 학습자들의 성취수준을 평가하고, 평가결과에 따른 부족한 부분을 피드백 받을 수 있도록 하기 위한 체크리스트가 제시되어 있다. 기본 헤어커트 학습모듈의 개발 구성도는 아래 표와 같이 구성되어 있다.

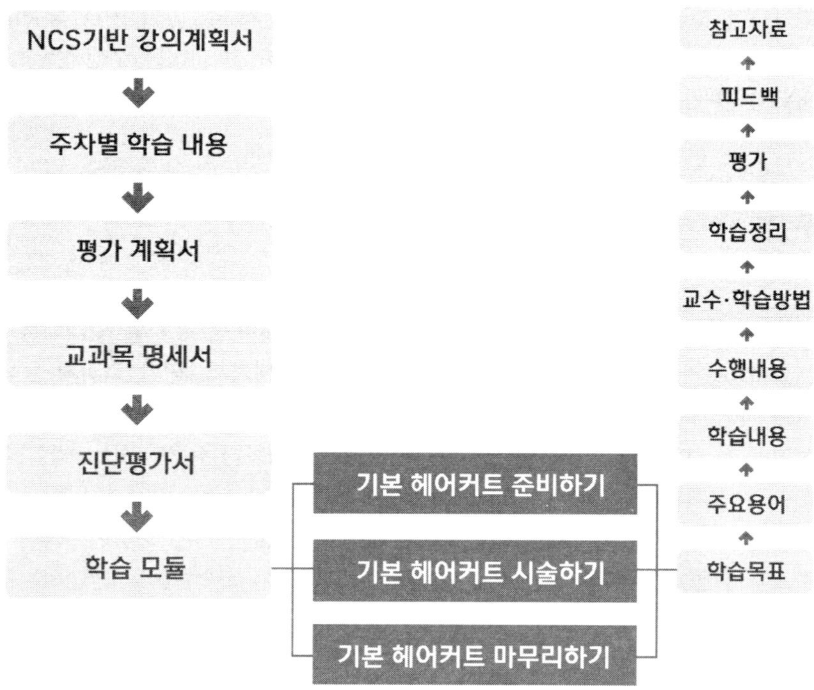

“NCS기반

강의계획서”

<table>
<tr><td>대학 교육목표</td><td colspan="8">인성중심대학, 실무중심대학, 취업교육중심대학, 지연연계 및 국제화 중심대학</td></tr>
<tr><td>학과 교육목표</td><td colspan="8">– “바른 인성을 실천하는 행복한 뷰티전문 미용인”
– 마음씨, 말씨, 솜씨를 갖춘 사랑 가득한 종합 미용인
– 현장실무의 질적 교육과 바른 인성의 취업률 선두, 비역사회 봉사, 나아가 글로벌 교육</td></tr>
<tr><td>직무</td><td colspan="4">능력단위/책무(Duty)</td><td colspan="4">능력단위코드</td></tr>
<tr><td rowspan="2">헤어미용</td><td colspan="4">기본 헤어커트</td><td colspan="4">1201010105– 14v2</td></tr>
<tr><td colspan="4"></td><td colspan="4"></td></tr>
<tr><td>교과목 명</td><td colspan="2">기초헤어실습</td><td>이수구분</td><td>전공선택</td><td colspan="2">담당교수</td><td colspan="2">유세은</td></tr>
<tr><td>학년/학기</td><td colspan="2">1 – 1</td><td>학점</td><td>3</td><td colspan="2">시수
(이론 / 실습)</td><td colspan="2">1/2</td></tr>
<tr><td>교과목표
(학습목표)</td><td colspan="8">– 기본 헤어커트를 공부하기에 필요한 지식과 기술 태도를 배우고 기본 헤어커트 준비하기에 필요한 수행준거와 도구 활용 및 블런트 가위와 빗을 사용할 수 있다.
– 기본 헤어커트의 수행준거인 커트 준비하기에서 커트에 필요한 슬라이스와 시술각도를 조절할 수 있다.
– 기본 헤어커트의 시술하기의 커트의 종류에 대하여 인지하고 원랭스, 이사도라, 스파니엘, 그레쥬에이션 레이어의 유형을 커트할 수 있다.
– 기본 헤어커트 디자인별 스타일에 맞는 마무리를 할 수 있다.</td></tr>
<tr><td rowspan="2">교수학습방법</td><td>이론 강의</td><td>실습</td><td>발표</td><td>토론</td><td>팀 프로젝트</td><td>캡스톤 디자인</td><td>포트 폴리오</td><td>기타</td></tr>
<tr><td>0</td><td>0</td><td></td><td></td><td></td><td></td><td></td><td></td></tr>
<tr><td rowspan="2">교육장소
(시설)</td><td>일반 강의실</td><td>전용 실습실</td><td colspan="2">컴퓨터실습실</td><td colspan="2">외부 교육시설</td><td colspan="2">기 타</td></tr>
<tr><td></td><td>2공105</td><td colspan="2"></td><td colspan="2"></td><td colspan="2"></td></tr>
<tr><td rowspan="3">교재
(NCS 학습모듈)</td><td colspan="2">주교재</td><td colspan="6">기본 헤어커트, 기본 헤어커트워크북</td></tr>
<tr><td colspan="2">보조교재</td><td colspan="6">커트입문</td></tr>
<tr><td colspan="2">참고교재</td><td colspan="6"></td></tr>
</table>

평가방법	A 포트폴리오, B. 문제해결시나리오, C.서술형, D. 논술형시험, E. 사례연구, F. 평가자질문, G. 평가자, H. 피평가자 체크리스트, I. 일지/저널, J. 역할연기, K. 구두발표, L.작업장평가, M. 기타 ※ 세부내용은 평가계획서에 기술됨.

A	B	C	D	E	F	G	H	I	J	k	K	L	M
0								0					0

관련 능력단위요소/작업(Task)	수행준거	지식·기술·태도
기본 헤어커트 준비하기 (1201010105 – 14v2.1)	1–1. 고객에게 어깨보, 커트보, 가운 등을 착용해 줄 수 있다. 1–2. 헤어커트 유형에 따라 모발의 수분 함량을 조절할 수 있다.	【지 식】 • 어깨보, 커트보, 가운 착용법 • 헤어커트 유형에 적합한 수분 밸런스에 관한 지식 • 모발 상태에 적합한 수분 밸런스에 관한 지식 【기 술】 • 어깨보, 커트보, 가운 착용 기술 • 분무기 사용능력 【태 도】 • 고객이 불편하기 않도록 배려하는 자세
기본 헤어커트 시술하기 (1201010105_14v2.2)	2–1. 일반 헤어커트용 가위인 블런트 가위를 정확하게 사용할 수 있다. 2–2. 정확하고 올바른 자세로 커트할 수 있다. 2–3. 기본 헤어커트를 위해 블로킹을 할 수 있다. 2–4. 기본 헤어커트를 위해 슬라이스를 할 수 있다. 2–5. 기본 헤어커트를 위해 시술각도를 조절할 수 있다.	【지 식】 • 도해도에 작성하고 분석할 수 있는 기술적 지식 • 빗과 블런트 가위의 사용법 • 블로킹, 슬라이스, 각도 등 기본 헤어커트에 관한 지식 • 기본 헤어커트 유형의 종류와 특징 및 시술방법에 관한 지식 【기 술】 • 도해도를 작성하고 분석할 수 있는 능력

관련 능력단위요소/작업(Task)	수행준거	지식 · 기술 · 태도
기본 헤어커트 시술하기 (1201010105_14v2.2)	2-6. 원랭스, 그레쥬에이션, 레이어 유형을 커트할 수 있다.	• 빗과 블런트 가위 사용 테크닉 • 기본 헤어커트의 유형별 시술능력 【태 도】 • 블런트 가위와 빗 사용시 올바른 자세를 취하려고 노력하는 자세 • 블런트 가위와 빗 사용의 숙련도를 위해 노력하는 의지 • 가위로 인한 자상에 주의하는 자세 • 신속하고 정확하게 시술하는 태도
기본 헤어 커트 마무리하기 (1201010105_14v2.3)	3-1. 고객의 얼굴과 목 등에 묻은 잔여 머리카락을 제거할 수 있다. 3-2. 사용한 헤어커트 도구와 시술한 주변을 즉시 정리 · 정돈 할 수 있다. 3-3. 시술 후 고객 만족도를 파악하여 필요한 경우 수정 · 보완하는 헤어커트를 할 수 있다. 3-4. 헤어커트 유형에 적합한 도구와 기법으로 헤어스타일을 마무리 할 수 있다.	【지 식】 • 헤어커트도구의 특징과 보관 및 정리 · 정돈에 관한 지식 • 헤어스타일 연출제품의 사용법 【기 술】 • 헤어커트도구와 시술공간을 정리 · 정돈하는 능력 • 헤어커트를 수정 · 보완하는 기술 • 헤어스타일 연출 테크닉 • 고객과 커뮤니케이션하는 능력 【태 도】 • 사용 도구와 시술 공간을 청결하게 관리하는 태도 • 고객 만족을 위해 노력하는 자세

주차별 학습 내용

주차	관련능력 단위요소	수업내용	비 고
1	**기본 헤어커트 준비하기** 1201010105-14v2.1	• 오리엔테이션을 통하여 앞으로의 수업진행 방법과 커트 준비물, 운영지침 및 평가 방법을 설명한다. • 두상의 헤어라인 명칭과 헤어디자인의 기본용어를 설명한다. • 학습자는 커트의 도구의 활용방법과 두상의 포인트와 기본용어를 알 수 있다.	진단평가 강의계획서 설명, 빔프로젝트 사용
2	**기본 헤어커트 준비하기** 1201010105-14v2.1	• 기본 헤어컷의 기본이론(두상과 두발의 관찰과 커트의 종류에 대하여 알 수 있다. • 두발 길이가 변화하는 요소에 대하여 알 수 있다. • 커트를 하기 전 고객안내와 커트보와 가운착용, 물뿌리기 롤플레이닝을 통하여 익히고 고객에게 어깨보, 커트보, 가운 등을 착용해 줄 수 있다.	롤플레이닝을 통한 실습, 시청각자료
3	**기본 헤어커트 준비하기** 1201010105-14v2.1	• 도구의 활용법 (가위 잡는 법, 빗 잡는 법과 빗질하는 법)을 익히고 도구를 적절히 사용할 수 있다. • 기본 헤어커트를 하기 위하여 필요한 두상의 분할선을 익히고 롤플레이닝 및 고객상담을 통하여 고객이 불편함이 없는지 살필 수 있다.	롤플레이닝을 통한 실습, 시청각자료 마네킹, 커트도구
4	**기본 헤어커트 시술하기** 1201010105-14v2.2	• 일반 헤어커트용 가위인 블런트 가위를 정확하게 사용할 수 있다. • 정확하고 올바른 자세로 커트할 수 있다. • 원랭스 커트를 위하여 블로킹과 슬라이스 시술각도를 조절할 수 있다.	롤플레이닝을 통한 실습, 사진찍기. 마네킹, 커트도구

주차	관련능력 단위요소	수업내용	비 고
5	**기본 헤어커트 시술하기** 1201010105-14v2.2	• 일반 헤어커트용 가위인 블런트 가위를 정확하게 사용할 수 있다. • 정확하고 올바른 자세로 커트할 수 있다. • 원랭스 커트를 위하여 블로킹과 슬라이스 시술각도를 조절할 수 있다. • 스스로 원랭스를 커트할 수 있다.	사진찍기
6	**기본 헤어커트 시술하기** 1201010105-14v2.2	• 일반 헤어커트용 가위인 블런트 가위를 정확하게 사용할 수 있다. • 정확하고 올바른 자세로 커트할 수 있다. • 원랭스 커트를 위하여 블로킹과 슬라이스 시술각도를 조절할 수 있다. • 스파니엘 커트를 하기 위하여 블로킹과 슬라이스와 시술각도를 조절할 수 있다.	사진찍기
7	**기본 헤어커트 시술하기** 1201010105-14v2.2	• 일반 헤어커트용 가위인 블런트 가위를 정확하게 사용할 수 있다. • 정확하고 올바른 자세로 커트할 수 있다. • 원랭스 커트를 위하여 블로킹과 슬라이스 시술각도를 조절할 수 있다. • 스파니엘 커트를 하기 위하여 블로킹과 슬라이스와 시술각도를 조절할 수 있다. • 스스로 스파니엘 커트를 할 수 있다.	완성사진찍기
8	**기본 헤어커트 평가**	• 직무능력 평가를 통하여 커트준비하기와 커트시술하기에서 원랭스와 스파니엘 중 선택하여 직무능력에 대한 평가를 본 후 pass / fail를 통하여 항상도 평가를 볼 수 있다.	직무능력평가(1)
9	**기본 헤어커트 시술하기** 1201010105-14v2.2	• 8주차에 본 직무능력평가 피드백과 향상도 평가 • 일반 헤어커트용 가위인 블런트 가위를 정확하게 사용할 수 있다. • 정확하고 올바른 자세로 커트할 수 있다. • 원랭스 커트를 위하여 블로킹과 슬라이스 시술각도를 조절할 수 있다. • 이사도라커트를 하기 위하여 블로킹과 슬라이스와 시술각도를 조절할 수 있다.	직무능력평가 피드백, 향상도 평가

주차	관련능력 단위요소	수업내용	비 고
10	**기본 헤어커트 시술하기** 1201010105-14v2.2	• 일반 헤어커트용 가위인 블런트 가위를 정확하게 사용할 수 있다. • 정확하고 올바른 자세로 커트할 수 있다. • 원랭스 커트를 위하여 블로킹과 슬라이스 시술각도를 조절할 수 있다. • 이사도라커트를 하기 위하여 블로킹과 슬라이스와 시술각도를 조절할 수 있다. • 스스로 이사도라 커트를 할 수 있다.	피드백에 따른 지시사항 실습사진 찍기 실습서
11	**기본 헤어커트 시술하기** 1201010105-14v2.2	• 일반 헤어커트용 가위인 블런트 가위를 정확하게 사용할 수 있다. • 정확하고 올바른 자세로 커트할 수 있다. • 원랭스 커트를 위하여 블로킹과 슬라이스 시술각도를 조절할 수 있다. • 머쉬룸 커트를 하기 위하여 블로킹과 슬라이스와 시술각도를 조절할 수 있다.	실습사진 찍기
12	**기본 헤어커트 시술하기** 1201010105-14v2.2	• 정확하고 올바른 자세로 커트할 수 있다. • 원랭스 커트를 위하여 블로킹과 슬라이스 시술각도를 조절할 수 있다. • 그레쥬에이션을 하기 위하여 블로킹과 슬라이스와 시술각도를 조절할 수 있다. • 스스로 그레쥬에이션 커트를 할 수 있다.	실습사진 찍기, 실습서에 사진 붙히기
13	**기본 헤어커트 시술하기** 1201010105-14v2.2 **기본 헤어커트 마무리하기** 1201010105-14v2.2	• 일반 헤어커트용 가위인 블런트 가위를 정확하게 사용할 수 있다. • 정확하고 올바른 자세로 커트할 수 있다. • 원랭스 커트를 위하여 블로킹과 슬라이스 시술각도를 조절할 수 있다. • 레이어 커트를 하기 위하여 블로킹과 슬라이스와 시술각도를 조절할 수 있다. • 고객의 얼굴과 목 등에 묻은 잔여 머리카락을 제거할 수 있다. • 사용한 헤어커트 도구와 시술한 주변을 즉시 정리 · 정돈할 수 있다.	레이어 커트 완성하여 사진 찍기

주차	관련능력 단위요소	수업내용	비 고
14	**기본 헤어커트 마무리하기** 1201010105-14v2.2	• 고객의 얼굴과 목 등에 묻은 잔여 머리카락을 제거할 수 있다. • 사용한 헤어커트 도구와 시술한 주변을 즉시 정리 · 정돈 할 수 있다. • 시술 후 고객 만족도를 파악하여 필요한 경우 수정 · 보완하는 헤어커트를 할 수 있다. • 헤어커트 유형에 적합한 도구와 기법으로 헤어스타일을 마무리할 수 있다. • 고객의 니즈에 맞게 헤어디자인별 마무리를 할 수 있다.	마무리하기 롤플레이닝 사진찍기 직무능력평가(2)
15	**기본 헤어커트 평가**	머쉬룸과 그레쥬에이션, 레이어, 커트마무리하기의 직무능력평가를 보고, 총괄평가를 통하여 직무에서 필요로 하는 인재양성이 잘 될 수 있도록 피드백받기	총괄평가 실습서 내기 향상도 심화

[NCS교육지원 서식 6]

평가 계획서

<table>
<tr><th>교과목명</th><td>기초헤어실습</td><th>담당교수</th><td colspan="2">유세은</td></tr>
<tr><th rowspan="3">관련직무명</th><td rowspan="3">헤어미용</td><th rowspan="3">능력단위명
(능력단위코드)</th><td colspan="2">기본 헤어커트</td></tr>
<tr><td colspan="2">1201010105 – 14v2</td></tr>
<tr><td colspan="2"></td></tr>
<tr><th rowspan="6">평가개요</th><th>구 분</th><th colspan="2">배 점</th><th>평가개요</th></tr>
<tr><td>진단평가</td><td colspan="2">–</td><td>학습자가 현재 업무를 수행하는데 알고 있는 자신의 수준을 파악하기 위하여 수업 시작 전에 평가 전공능력 선행수준 파악</td></tr>
<tr><td>출석평가</td><td colspan="2">20%</td><td>–</td></tr>
<tr><td>직무능력평가 1</td><td colspan="2">20%</td><td>8주차에 진도내용 안에서 반드시 피드백 받기</td></tr>
<tr><td>직무능력평가 2</td><td colspan="2">30%</td><td>14, 15주차에 기본 헤어커트의 시술하기 중에서 반드시 피드백 받기</td></tr>
<tr><td>직무능력평가 3</td><td colspan="2">30%</td><td>기본 헤어커트의 준비하기와 시술하기 마무리하기의 전체적인 교육내용을 평가</td></tr>
<tr><th>평가항목</th><th colspan="4">평가내용 및 방법</th></tr>
<tr><th>진단평가</th><td colspan="4">

• **평가내용** : 기초 헤어실습 중 기본에어커트 업무를 수행하는데 요구되는 자신의 능력 수준을 스스로 알아볼 수 있는 체크리스트입니다. 본인이 생각하기에 아래 문항에 대한 자신의 수준이 어느 정도인지 ∨해주시기 바랍니다.
• **평가시기** : 수업시작 전
• **영역별 평가내용**

<table>
<tr><th rowspan="2">평가영역</th><th rowspan="2">문 항</th><th colspan="3">자가진단</th></tr>
<tr><th>우수</th><th>보통</th><th>미흡</th></tr>
<tr><td rowspan="2">기본
헤어커트
준비하기</td><td>1.1 고객에게 어깨보, 커트보, 가운 등을 착용해 줄 수 있다.</td><td>③</td><td>②</td><td>①</td></tr>
<tr><td>1.2 헤어커트 유형에 따라 모발의 수분 함량을 조절할 수 있다.</td><td>③</td><td>②</td><td>①</td></tr>
</table>
</td></tr>
</table>

진단평가

평가영역	문 항	자가진단		
		우수	보통	미흡
기본 헤어커트 시술하기	2.1 일반 헤어커트용 가위인 블런트 가위를 정확하게 사용할 수 있다.	③	②	①
	2.2 정확하고 올바른 자세로 커트할 수 있다.	③	②	①
	2.3 기본 헤어커트를 위해 블로킹을 할 수 있다.	③	②	①
	2.4 기본 헤어커트를 위해 슬라이스를 할 수 있다.	③	②	①
	2.5 기본 헤어커트를 위해 시술각도를 조절할 수 있다.	③	②	①
	2.6 원랭스, 그레쥬에이션, 레이어 유형을 커트할 수 있다.	③	②	①
기본 헤어커트 마무리하기	3.1 고객의 얼굴과 목 등에 묻은 잔여 머리카락을 제거할 수 있다.	③	②	①
	3.2 사용한 헤어커트 도구와 시술한 주변을 즉시 정리·정돈 할 수 있다.	③	②	①
	3.3 시술 후 고객 만족도를 파악하여 필요한 경우 수정·보완하는 헤어커트를 할 수 있다.	③	②	①
	3.4 헤어커트 유형에 적합한 도구와 기법으로 헤어스타일을 마무리 할 수 있다.	③	②	①

- **평가방법** : 수업 전 평가로 성적에는 반영되지 않음
  기본 헤어커트의 수행준거에 제시되어 있는 내용을 학습자가 자가평가
- **평가시 고려사항** : 학습자가 수업을 하기 전 평가로 직무를 수행하기 위하여 수행준거를 얼마나 인지하고 있는지를 파악한다.
- **평가결과 활용계획**

  [평가결과]

진단영역	문항 수	점수	점수 ÷ 문항 수
기본 헤어커트 준비하기	2		
기본 헤어커트 시술하기	6		
기본 헤어커트 마무리하기	4		
합 계	12		

※ 자신의 점수를 문항 수로 나눈 값이 '1점' 이하에 해당하는 영역은 업무를 성공적으로 수행하는데 요구는 능력이 부족한 것으로 교육훈련이나 개인학습을 통한 개발이 필요함.

기본 헤어커트의 수행준거에 있는 내용과 관련 지식, 기술, 태도를 통하여 해당업무를 성공적으로 수행하는데 요구되는 능력의 부족한 부분을 찾고 이를 통하여 교육훈련의 개발과 개인 학습을 통한 교수학습법을 개발하고자 함

<table>
<tr><th>출석평가</th><th>대학의 출석관련 규정 및 지침에 따름</th></tr>
<tr><td>직무능력
평가 1</td><td>

• **관련 능력단위요소** : 기본 헤어커트 준비하기(1201010105 – 14v2.1)
• **평가내용** : 기본 헤어커트의 준비하기의 수행준거를 수행할 수 있다.
(고객이 불편하지 않도록 배려하는 자세)
기본 헤어커트의 시술하기 중 원랭스와 스파니엘을 시술할 수 있다.
• **평가시기** : 8주차
• **세부평가내용**
1. 기본 헤어커트 준비하기
① 지식
– 어깨보, 커트보, 가운 착용법
– 헤어커트 유형에 적합한 수분 밸런스에 관한 지식
– 모발 상태에 적합한 수분 밸런스에 관한 지식
② 기술
– 어깨보, 커트보, 가운 착용 기술
– 분무기 사용능력
③ 태도
– 고객이 불편하기 않도록 배려하는 자세

<table>
<tr><th rowspan="2">평가내용</th><th colspan="2">평가</th></tr>
<tr><th>예</th><th>아니오</th></tr>
<tr><td>1–1. 고객에게 어깨보, 커트보, 가운 등을 착용한다.</td><td>2</td><td></td></tr>
<tr><td>1–2. 헤어커트 유형에 따라 모발의 수분 함량을 조절한다.</td><td>6</td><td></td></tr>
</table>

• **평가방법** : 기본 헤어커트의 과정평가로 기본 헤어커트 준비하기의 직무를 수행하기 위한 수행준거 및 관련 지식 태도의 과정을 평가
• **평가시 고려사항**
</td></tr>
<tr><td>직무능력
평가 2</td><td>

• **관련 능력단위요소** : 기본 헤어커트 시술하기(1201010105 – 14v2.2)
• **평가내용** : 기본 헤어커트의 시술하기의 수행준거를 수행할 수 있다.
(고객이 불편하지 않도록 배려하는 자세)
기본 헤어커트의 시술하기 중 원랭스와 스파니엘을 시술할 수 있다.
• **평가시기** : 14, 15주차
• **세부평가내용**
1. 기본 헤어커트 시술하기
① 지식
– 도해도에 작성하고 분석할 수 있는 기술적 지식
• 빗과 블런트 가위의 사용법
</td></tr>
</table>

출석평가	대학의 출석관련 규정 및 지침에 따름
직무능력 평가 2	• 블로킹, 슬라이스, 각도 등 기본 헤어커트에 관한 지식 • 기본 헤어커트의 유형별 시술능력 어깨보, 커트보, 가운 착용 기술 ② 기술 – 도해도를 작성하고 분석할 수 있는 능력 • 빗과 블런트 가위 사용 테크닉 • 기본 헤어커트의 유형별 시술능력 어깨보, 커트보, 가운 착용 기술 ③ 태도 – 블런트 가위와 빗 사용시 올바른 자세를 취하려고 노력하는 자세 • 블런트 가위와 빗 사용의 숙련도를 위해 노력하는 의지 • 가위로 인한 자상에 주의하는 자세 • 신속하고 정확하게 시술하는 태도고객이 불편하기 않도록 배려하는 자세 (평가표 아래 참조) • **평가방법** : 기본 헤어커트의 과정평가로 기본 헤어커트시술하기의 직무를 수행하기위한 수행준거 및 관련 지식 태도의 과정을 평가 • **평가시 고려사항**
직무능력 평가 3	• **관련 능력단위요소** : 기본 헤어커트 마무리하기(1201010105 – 14v2.3) • **평가내용** : 기본 헤어커트의 마무리하기의 수행준거를 수행할 수 있다. (고객이 불편하지 않도록 배려하는 자세) 기본 헤어커트의 마무리하기에서 디자인별 마무리 스타일링을 할 수 있다. 마무리를 위한 커트를 할 수 있다. • **평가시기** : 15, 16주차

평가내용	평가	
	예	아니오
2–1. 일반 헤어커트용 가위인 블런트 가위를 정확하게 사용한다.		
2–2. 정확하고 올바른 자세로 커트한다.		
2–3. 기본 헤어커트를 위해 블로킹을 한다.		
2–4. 기본 헤어커트를 위해 슬라이스를 한다.		
2–5. 기본 헤어커트를 위해 시술각도를 조절한다.		
2–6. 원랭스, 그레쥬에이션, 레이어 유형을 커트한다.		

<table>
<tr><th>출석평가</th><th>대학의 출석관련 규정 및 지침에 따름</th></tr>
<tr><td>직무능력
평가 3</td><td>
1. 기본 헤어커트 마무리하기
① 지식
– 헤어커트도구의 특징과 보관 및 정리·정돈에 관한 지식
– 헤어스타일 연출제품의 사용법
② 기술
– 헤어커트도구와 시술공간을 정리·정돈하는 능력
– 헤어커트를 수정·보완하는 기술
– 헤어스타일 연출 테크닉
– 고객과 커뮤니케이션하는 능력
③ 태도
– 사용 도구와 시술 공간을 청결하게 관리하는 태도
– 고객 만족을 위해 노력하는 자세
<table>
<tr><th rowspan="2">평가내용</th><th colspan="2">평가</th></tr>
<tr><th>예</th><th>아니오</th></tr>
<tr><td>3–1. 고객의 얼굴과 목 등에 묻은 잔여 머리카락을 제거한다.</td><td></td><td></td></tr>
<tr><td>3–2. 사용한 헤어커트 도구와 시술한 주변을 즉시 정리·정돈한다.</td><td></td><td></td></tr>
<tr><td>3–3. 시술 후 고객 만족도를 파악하여 필요한 경우 수정·보완하는 헤어커트를 한다.</td><td></td><td></td></tr>
<tr><td>3–4. 헤어커트 유형에 적합한 도구와 기법으로 헤어스타일을 마무리 한다.</td><td></td><td></td></tr>
</table>
• 평가방법 : 기본 헤어커트의 과정평가로 기본 헤어커트 마무리하기의 직무를 수행하기위한 수행준거 및 관련 지식 태도의 과정을 평가
</td></tr>
<tr><td>향상/
심화계획</td><td>평가점수가 70점 미만인 성취수준 미달자는 향상교육을 실시한 후 재평가</td></tr>
</table>

[NCS교육지원 서식 7]

"교과목 명세서"

<table>
<tr><td>교과목명</td><td>기초헤어실습</td><td>능력단위명
(능력단위코드)</td><td>기본 헤어커트
(1201010105_14v2)</td></tr>
<tr><td>직무명</td><td>헤어미용</td><td>NCS학습모듈</td><td>기본 헤어커트, 실습서</td></tr>
<tr><td>이수구분</td><td>선택필수</td><td>이수시간/학점</td><td>3/3</td></tr>
<tr><td>교육목표</td><td colspan="3">- 기본 헤어커트의 직무를 수행하기 위하여 관련 지식, 기술, 태도를 기반으로 한 이론을 공부하고 기본 헤어커트의 준비하기에 필요한 수행준거와 블런트 가위와 빗을 사용할 수 있다.
- 기본 헤어 커트의 수행준거인 기본 헤어 커트를 위하여 블로킹과 슬라이스를 할 수 있다. 또한 시술각도를 조절할 수 있다.
- 원랭스, 이사도라, 스파니엘, 그레쥬에이션 레이어의 유형의 커트를 할 수 있다.
- 기본 헤어커트의 마무리를 위하여 디자인별 스타일링을 할 수 있고 뒷정리 및 수정, 보안의 마무리 커트를 할 수 있다.</td></tr>
<tr><td>교육내용</td><td colspan="3">헤어미용의 직무에서 기본이 되는 헤어기본커트를 수행하기 위하여
1) 기본 헤어커트 준비하기의 수행준거 및 지식, 기술, 태도
2) 기본 헤어커트 시술하기의 수행준거 및 지식,
3) 기본 헤어커트마무리하기의 수행준거 및 지식, 기술, 태도</td></tr>
<tr><td>교수학습방법</td><td colspan="3"><table><tr><td>A</td><td>B</td><td>C</td><td>D</td><td>E</td><td>F</td><td>G</td><td>H</td></tr><tr><td>0</td><td>0</td><td></td><td></td><td></td><td></td><td></td><td></td></tr></table>a. 이론 강의, b. 실습, c. 발표, d. 토론, e. 팀프로젝트
f. 캡스톤디자인, g. 포트폴리오(학습자/교수자), h. 기타</td></tr>
</table>

	능력단위 요소명	수행준거	NCS 적용 여부
관련 NCS	기본 헤어커트 준비하기 (1201010105_14v2.1)	1.1 고객에게 어깨보, 커트보, 가운 등을 착용해 줄 수 있다. 1.2 헤어커트 유형에 따라 모발의 수분 함량을 조절할 수 있다.	Y
	기본 헤어커트 시술하기 (1201010105_14v2.2)	2.1 일반 헤어커트용 가위인 블런트 가위를 정확하게 사용할 수 있다. 2.2 정확하고 올바른 자세로 커트할 수 있다. 2.3 기본 헤어커트를 위해 블로킹을 할 수 있다. 2.4 기본 헤어커트를 위해 슬라이스를 할 수 있다. 2.5 기본 헤어커트를 위해 시술각도를 조절할 수 있다. 2.6 원랭스, 그레쥬에이션, 레이어 유형을 커트할 수 있다.	Y
	기본 헤어커트 마무리하기 (1201010105_14v2.3)	3.1 고객의 얼굴과 목 등에 묻은 잔여 머리카락을 제거할 수 있다. 3.2 사용한 헤어커트 도구와 시술한 주변을 즉시 정리 · 정돈할 수 있다. 3.3 시술 후 고객 만족도를 파악하여 필요한 경우 수정 · 보완하는 헤어커트를 할 수 있다. 3.4 헤어커트 유형에 적합한 도구와 기법으로 헤어스타일을 마무리할 수 있다.	Y

	능력단위 요소명	지식	기술	태도
지식/기술 태도	기본 헤어커트 준비하기 (1201010105_14v2.1)	– 어깨보, 커트보, 가운 착용법 – 헤어커트 유형에 적합한 수분 밸런스에 관한 지식 – 모발 상태에 적합한 수분 밸런스에 관한 지식	– 어깨보, 커트보, 가운 착용 기술 – 분무기 사용능력	– 고객이 불편하지 않도록 배려하는 자세

	능력단위 요소명	지식	기술	태도
지식/기술 태도	**기본 헤어커트 시술하기** (1201010105_14v2.2)	– 도해도에 작성하고 분석할 수 있는 기술적 지식 – 빗과 블런트 가위의 사용법 – 블로킹, 슬라이스, 각도 등 기본 헤어커트에 관한 지식 – 기본 헤어커트 유형의 종류와 특징 및 시술방법에 관한 지식	– 도해도를 작성하고 분석할 수 있는 능력 – 빗과 블런트 가위 사용 테크닉 – 기본 헤어커트의 유형별 시술 능력	– 블런트 가위와 빗 사용시 올바른 자세를 취하려고 노력하는 자세 – 블런트 가위와 빗 사용의 숙련도를 위해 노력하는 의지 – 가위로 인한 자상에 주의하는 자세 – 신속하고 정확하게 시술하는 태도
	기본 헤어커트 마무리하기 (1201010105_14v2.3)	– 헤어커트도구의 특징과 보관 및 정리 · 정돈에 관한 지식 – 헤어스타일 연출 제품의 사용법	– 헤어커트도구와 시술공간을 정리 · 정돈하는 능력 – 헤어커트를 수정 · 보완하는 기술 – 헤어스타일 연출 테크닉 – 고객과 커뮤니케이션하는 능력	– 사용 도구와 시술 공간을 청결하게 관리하는 태도 – 고객 만족을 위해 노력하는 자세
장비 및 도구	**능력단위 활용**		**미 활용**	
	– 블런트 가위와 다양한 커트 전용 빗류 – 핀셋 – 분무기 – 얼굴털이용 스폰지	– 어깨보, 커트보, 가운 – 미용의자와 거울 – 헤어드라이기와 브러시류		

평가방법

A	B	C	D	E	F	G	H	I	J	K	L	M
0											0	0

A. 포트폴리오, B. 문제해결시나리오, C. 서술형, D. 논술형시험, E. 사례연구, F. 평가자질문, G. 평가자, H. 피평가자 체크리스트, I. 일지/저널, J. 역할연기, K. 구두발표, L. 작업장평가, M. 평가

학습 형태별 소요시간	강의	실습	평가	개별지도	개인학습	합 계
	15	15	10	3	2	45

진단 평가서

자가진단 체크리스트

다음은 기본 헤어커트 실무 업무를 수행하는데 요구되는 능력 수준을 스스로 알아볼 수 있는 체크리스트입니다. 본인의 평소 행동을 잘 생각해 보고, 일치하는 정도에 ∨표 해 주십시오.

담당교수	유세은	교과목명	기초 헤어실습
학 번		능력단위명 (능력단위코드)	기본 헤어커트 (1201010105- 14v2)
이 름			
평가일자			

<table>
<tr><th rowspan="2">영역
(능력단위요소)</th><th rowspan="2">진단문항</th><th colspan="3">자가진단</th></tr>
<tr><th>우수</th><th>보통</th><th>미흡</th></tr>
<tr><td rowspan="2">기본 헤어커트 준비하기
(1201010105-14v2.1)</td><td>1.1 고객에게 어깨보, 커트보, 가운 등을 착용해 줄 수 있다.</td><td>③</td><td>②</td><td>①</td></tr>
<tr><td>1.2 헤어커트 유형에 따라 모발의 수분 함량을 조절할 수 있다.</td><td>③</td><td>②</td><td>①</td></tr>
<tr><td rowspan="6">기본 헤어커트 시술하기
(1201010105-14v2.2)</td><td>2.1 일반 헤어커트용 가위인 블런트 가위를 정확하게 사용할 수 있다.</td><td>③</td><td>②</td><td>①</td></tr>
<tr><td>2.2 정확하고 올바른 자세로 커트할 수 있다.</td><td>③</td><td>②</td><td>①</td></tr>
<tr><td>2.3 기본 헤어커트를 위해 블로킹을 할 수 있다.</td><td>③</td><td>②</td><td>①</td></tr>
<tr><td>2.4 기본 헤어커트를 위해 슬라이스를 할 수 있다.</td><td>③</td><td>②</td><td>①</td></tr>
<tr><td>2.5 기본 헤어커트를 위해 시술각도를 조절할 수 있다.</td><td>③</td><td>②</td><td>①</td></tr>
<tr><td>2.6 원랭스, 그레쥬에이션, 레이어 유형을 커트할 수 있다.</td><td>③</td><td>②</td><td>①</td></tr>
</table>

영역 (능력단위요소)	진단문항	자가진단		
		우수	보통	미흡
기본 헤어커트 마무리하기 (1201010105-14v2.3)	3.1 고객의 얼굴과 목 등에 묻은 잔여 머리카락을 제거할 수 있다.	③	②	①
	3.2 사용한 헤어커트 도구와 시술한 주변을 즉시 정리·정돈 할 수 있다.	③	②	①
	3.3 시술 후 고객 만족도를 파악하여 필요한 경우 수정·보완하는 헤어커트를 할 수 있다.	③	②	①
	3.4 헤어커트 유형에 적합한 도구와 기법으로 헤어스타일을 마무리 할 수 있다.	③	②	①

진단결과

능력단위요소	문항 수	합계점수	평균점수
기본 헤어커트 준비하기	2		
기본 헤어커트 시술하기	6		
기본 헤어커트 마무리하기	4		

※ 우수는 3점, 보통은 2점, 미흡은 1점으로 계산
진단방법에 따라 자신의 수준을 진단한 결과, 자신의 점수를 문항 수로 나눈 값이 '1점' 이하에 해당하는 영역은 업무를 성공적으로 수행하는데 요구하는 능력이 부족한 것으로 교육훈련이나 개인학습을 통한 개발이 필요함.

직업 기초 능력

순 번	직업 기초 능력	
	주 요 영 역	하 위 영 역
1	의사소통능력	경청능력, 의사표현 능력, 기초외국어 능력
2	문제해결능력	사고력, 문제처리 능력
3	대인관계능력	갈등관리 능력, 협상능력, 고객서비스 능력
4	자원관리능력	시간자원관리능력
5	기술능력	기술이해능력, 기술선택능력, 기술적용능력
6	직업윤리	근로윤리

산업체의 요구분석에서 직무를 수행하는데 필요한 인재 양성에 필요한 직업기초능력

적용범위 및 작업상황 시 고려사항

① 기본 헤어커트의 범위는 블런트(Blunt)가위로 자르는 원랭스(One length), 그레쥬에이션(Graduation), 레이어(Layer) 유형의 헤어스타일이며, 길이나 각도는 각각 조절할 수 있다.

② 블런트 가위는 가장 일반적인 헤어커트용 가위이며, 기본 헤어커트는 레쟈(Razor), 틴닝(Thinning) 등의 다른 형태의 커트 도구를 사용하지 않고 오직 블런트 가위만 사용한다.

③ 원랭스는 각도를 0°로 하여 모발에 층 없이 동일하게 자르는 커트로 파라렐보브형(Pararel Bob Style), 스파니엘보브형(Spaniel Bob Style), 이사도라보브형(Isadora Bob Style)이 있다.

④ 그레쥬에이션은 각도를 1～89°로 하여 두상 상부모발은 길고 하부모발은 짧게 자르는 커트로 로우(low) 그레쥬에이션형, 미디움(medium), 그레쥬에이션형, 하이(high) 그레쥬에이션형이 있다.

⑤ 레이어는 각도를 90° 이상으로 하여 두상 상부모발은 짧고 하부모발은 길게 자르는 커트로 유니 폼(Uniform)레이어형과 인크리스(Increase)레이어형이 있다.

⑥ 고객에게 어깨보나 커트보 등을 착용해 줄 때 너무 꽉 조이거나 느슨하지 않도록 주의하며, 시술에서 수시로 점검하여 불편하지 않도록 한다.

⑦ 헤어커트 전 필요한 경우 모발에 분무기를 이용하여 물을 분무하되, 계절에 따라 물 온도에 주의하고 얼굴에 튀지 않도록 주의한다.

⑧ 헤어커트 전 모발에 헤어스타일 연출 제품을 많이 사용하였거나 오염이 심한 경우는 사전 브러시 후 샴푸를 시술하고 커트하는 것을 권장한다.

⑨ 헤어커트를 위해 두상의 각 포인트(point) 위치와 명칭에 대해 인지하고 있어야 한다(예 정중 선, 측두부, N.P 등).

⑩ 블로킹(blocking)이란 시술의 정확성과 편리성을 위하여 두상의 모발을 가장 크게 등분하는 것으로 유사한 의미에는 섹션(section) 또는 존(zone) 등이 있다.

⑪ 슬라이스(slice)란 블로킹한 모발을 더 작은 단위로 나누는 것으로 유사한 의미에는 슬라이싱(slicing), 파팅(parting) 등이 있다.

⑫ 헤어커트 시술시 고객과 시술자에게 자상 등의 응급상황이 발생할 경우 적절하게 대처할 수 있어야 한다.

⑬ 고객의 만족도와 시술서비스의 완성도 향상을 위해 메이크업, 매니큐어 등의 부가서비스를 제공할 수 있어야 한다.

BARBER

학습모듈
A-1

기본 헤어커트 준비하기

1주차
기본 헤어커트 실습서 개요

1 학습모듈 목표

미용실에서 시술되는 기본 헤어커트에 대한 기본적인 이론과 관련된 수행준거를 이해하고 습득하여, 기본 헤어커트시술 시 적용하는 능력을 기르고, 실제로 고객이 원하는 커트 디자인을 시술하기 위한 기본적인 헤어커트 능력을 갖춘다.

2 선수학습

헤어스타일북, 헤어커트디자인 자료 검색 및 컴퓨터 활용 능력

❸ 이수 시간

학 습	학습내용	이수시간 (hour)
A-1. 기본 헤어커트 준비하기 (1201010105_14v2.1)	1.1 고객에게 어깨보, 커트보, 가운 등을 착용해 줄 수 있다. 1.2 헤어커트 유형에 따라 모발의 수분 함량을 조절할 수 있다.	9
A-2. 기본 헤어커트 시술하기 (1201010105_14v2.2)	2.1 일반 헤어커트용 가위인 블런트 가위를 정확하게 사용할 수 있다. 2.2 정확하고 올바른 자세로 커트할 수 있다. 2.3 기본 헤어커트를 위해 블로킹을 할 수 있다. 2.4 기본 헤어커트를 위해 슬라이스를 할 수 있다. 2.5 기본 헤어커트를 위해 시술각도를 조절할 수 있다. 2.6 원랭스, 그레쥬에이션, 레이어 유형을 커트 할 수 있다.	27
A-3. 기본 헤어커트 마무리하기 (1201010105_14v2.3)	3.1 고객의 얼굴과 목 등에 묻은 잔여 머리카락을 제거할 수 있다. 3.2 사용한 헤어커트 도구와 시술한 주변을 즉시 정리·정돈할 수 있다. 3.3 시술 후 고객 만족도를 파악하여 필요한 경우 수정·보완하는 헤어커트를 할 수 있다. 3.4 헤어커트 유형에 적합한 도구와 기법으로 헤어스타일을 마무리할 수 있다.	6

2주차
기본 헤어커트 준비하기

1 학습모듈 개요

기본 헤어커트의 시술은 고객에게 하는 것이다. 고객이 방문하여 커트 시술을 원할 시 인턴, 어시스턴트, 디자이너 등은 고객에게 커트 시술을 할 수 있도록 준비를 해야 한다. 이러한 헤어커트 준비단계는 고객에게 불편을 주지 않고, 디자이너가 시술을 할 때 빠르고, 편하게 시술할 수 있도록 하는 것이며, 고객의 모발 손상에 따른 모발의 수분함량을 파악할 수 있다.

2 학습목표

① 고객에게 어깨보, 커트보, 가운을 착용할 수 있다.
② 고객의 모발 상태에 적합한 수분함량을 파악할 수 있다.
③ 기본 헤어커트의 기본 이론 두상과 두발의 관찰과 커트의 종류에 대하여 알 수 있다.

3 주요 용어

커트보, 어깨보, 가운, 수분함량

학습내용 1

1 고객에게 어깨보, 커트보, 가운 등을 착용하기

1) 어깨보

어깨보는 커트고객의 어깨에 착용하는 보를 말한다. 잘려진 모발이 옷 속으로 들어가지 않게 해주며, 손님의 옷을 시술하기 편리하게 정리해 준다.

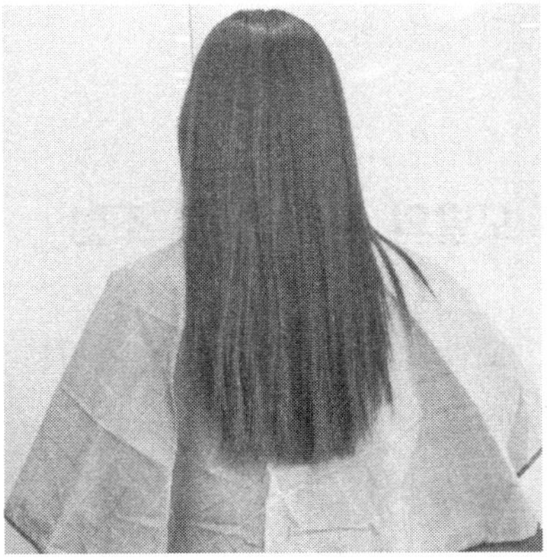

[그림 2-1 ≫ 어깨보]

2) 커트보

잘려진 모발이 옷에 묻지 않도록 고객의 몸을 감싸는 것을 '커트보'라 한다.

[그림 2-2 ≫ 커트보]

3) 가운

가운은 고객이 겉옷을 벗고 속옷 차림일 때, 또는 손님이 원할 때, 고객이 입는 옷을 말한다. 가운 역시 모발이 몸이나, 옷에 묻지 않도록 하는 것이다. 커트시에는 가운을 착용하지 않을 수도 있다. 주로 염색시술이나, 퍼머넌트 시술 시에 가운을 착용한다.

[그림 2-3 ➤ 가운]

2 모발의 수분 함량 조절

모발의 수분함량 조절은 커트시술을 어떻게 할 것인가에 따라 조절해야 한다. 젖은 모발을 커트할 것인지, 마른 모발에 커트할 것인가를 결정한 후에 모발에 물을 분무해야한다. 또한 모발의 손상이 심하면 모발에 수분을 많이 함유하게 되니, 적당히 고려하여 분무한다.

수행 내용

항목	내용
실습장비 도구 및 재료	[장비 및 도구] • 핀셋 • 분무기 • 어깨보, 커트보, 가운 • 미용의자와 거울 [재 료] • 타월
자료	• 헤어스타일 북
유의 사항	• 고객의 옷이나, 소지품을 잘 보관해야 한다. • 어깨보, 가운 등을 착용할 때 고객이 불편하지 않도록 한다.

1 고객에게 어깨보, 커트보, 가운 등을 착용하기

① 고객이 미용실에 방문하면 반갑게 맞이하며 인사를 한다.
② 고객에게 어떤 시술을 할 것인지 여쭈어 본다.
③ 고객을 시술 자리로 모신 뒤 고객의 옷과 악세사리, 귀중품을 받아서 옷장에 정리한다.
④ 고객에게 가운을 착용시킨다.
⑤ 고객에게 어깨보 또는 수건을 착용시킨다.
⑥ 고객에게 커트보를 착용시킨다.

어깨보	커트보	가운

[그림 2-4 ➤ 어깨보, 커트보, 가운 착용]

2 모발의 수분 함량 조절하기

① 고객이 어떤 스타일의 커트를 할 것인지 고객과 상담을 한다.
② 상담이 끝나면 스타일에 대한 디자인을 생각한다.
③ 커트 테크닉에 따라 물을 분무할 것인지, 하지 않을 것인지를 결정한다.
※ 분무 시 고객의 모발 손상 정도를 고려한다.

교수·학습 방법

❶ 교수 방법

1) 고객에게 어깨보, 커트보, 가운 등을 착용하기

① 고객에게 어깨보, 커트보, 가운 등을 착용하기를 시연한다.
② 착용 시 주의사항을 같이 설명한다.

2) 모발의 수분 함량 조절하기

① 디자인에 따른 웨트커트, 드라이커트를 설명한다.
② 모발의 손상 정도를 설명한다.

❷ 학습 방법

1) 고객에게 어깨보, 커트보, 가운 등을 착용하기

① 고객에게 어깨보, 커트보, 가운 등을 착용하기를 연습하여 고객이 불편함을 느끼지 않도록 한다.
② 고객의 귀중품, 옷 등을 잘 정리 정돈, 관리한다.

2) 모발의 수분 함량 조절하기

① 디자인에 따른 웨트커트, 드라이커트를 구분한다.
② 그에 따른 물을 분무한다.
③ 모발의 손상 정도를 파악한다.

학습정리

1. 고객이 미용실에 들어오면 반갑게 인사한다.
2. 어깨보, 커트보, 가운은 커트 시 고객에게 착용하는 것이다.
3. 모발의 수분함량 조절은 커트의 종류에 따라 다르게 조절한다.
4. 모발의 손상 정도에 따라 수분 분무를 다르게 한다.

수행평가(체크리스트)

번호	항 목	우수	보통	미흡
1	나는 고객에게 어깨보, 커트보, 가운 등을 착용해 줄 수 있다.	③	②	①
2	나는 헤어커트 유형에 따라 모발의 수분 함량을 조절할 수 있다.	③	②	①

피드백

1. 고객에게 어깨보, 커트보, 가운 등을 착용하는 법을 할 수 있다.
2. 모발의 수분 함량 조절을 커트방법과 손상 정도에 따라서 조절할 수 있다.

3주차 기본 헤어커트 시술 준비하기

1 학습모듈 개요

기본 헤어커트를 시술하기 위해서는 2주차에서 배운 듯이 우선 고객에게 어깨보, 커트보, 가운 등을 착용하고, 디자인에 따른 웨트커트, 드라이커트를 구분하여 분무 여부를 결정하고 적당히 분무해야 한다. 그 다음 시술 절차로 커트 시술을 해야 하는데, 커트시술을 위한 가위질 하는 법, 두상과 헤어라인의 명칭, 가위 테크닉, 빗과 레이저 커트로 이번 학습모듈에서 구성되어 있다.

2 학습목표

① 두상의 포인트와 부위별 명칭을 알 수 있다.
② 가위조작의 원리를 파악할 수 있다.
③ 가위의 각부 명칭을 파악할 수 있다.
④ 가위와 빗의 잡는 자세를 취할 수 있다.
⑤ 가위 테크닉을 알 수 있다.
⑥ 레이저 커트에 대해 알 수 있다.

❸ 주요 용어

두상, 헤어라인, 가위, 빗, 레이저커트, 가위테크닉

두상과 헤어라인의 명칭

❶ 두상의 포인트 명칭

① C.P(Center Point) : 센터 포인트
② T.P(Top Point) : 탑 포인트
③ G.P(Golden Point) : 골든 포인트
④ B.P(Back Point) : 백 포인트
⑤ N.P(Nape Point) : 네이프 포인트
⑥ E.P(Ear Point) : 이어 포인트
⑦ S.P(Side Point) : 사이드 포인트
⑧ F.S.P(Front Side Point) : 프런트 사이드 포인트
⑨ S.C.P(Side Coner Point) : 사이드 코너 포인트
⑩ E.B.P(Ear Back Point) : 이어 백 포인트

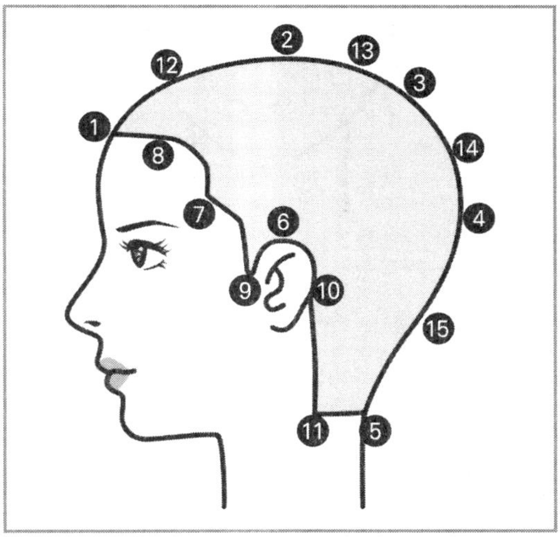

[그림 3-1 ➤ 두상의 포인트와 헤어라인]

⑪ N.S.P(Nape Side Point) : 네이프 사이드 포인트
⑫ C.T.M.P(Center Top Medium Point) : 센터 탑 미디움 포인트
⑬ T.G.M.P(Top Golden Medium Point) : 탑 골든 미디움 포인트
⑭ G.B.M.P(Golden Back Medium Point) : 골든 백 미디움 포인트
⑮ B.N.M.P(Back Nape Medium Point) : 백 네이프 미디움 포인트

② 두상의 부위별 명칭

① 전두부(Top)
② 측두부(Side)
③ 두정부(Crown)
④ 후두부(Nape)

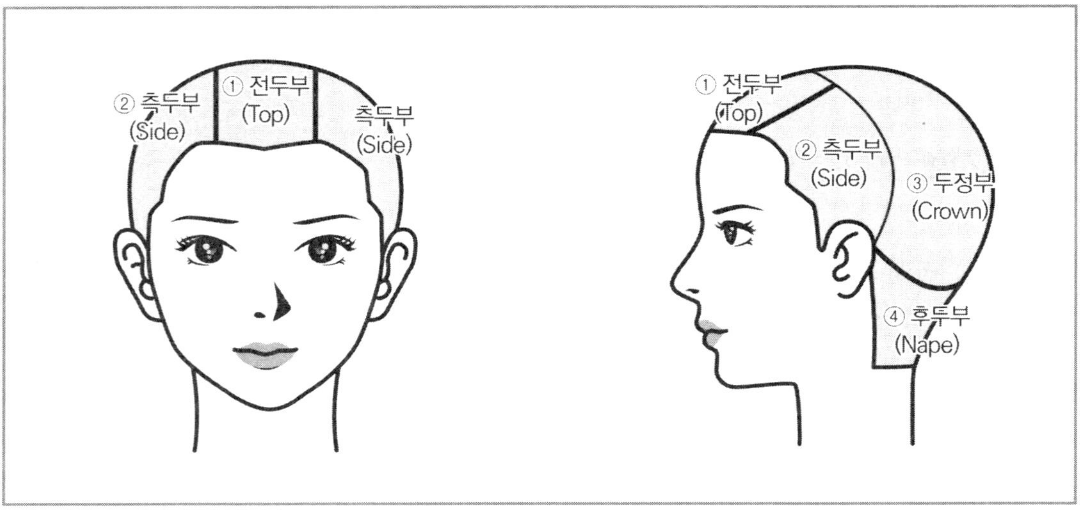

[그림 3-2 ➤ 두상의 부위별 명칭]

③ 두상의 분할 라인

① **정중선(Center Line)** : 두상의 좌우 분할선이다.
코를 중심으로 두상의 부위를 좌우로 분할하는 선이다.

② **측중선(E.E.L–Ear to Ear Line)** : 두상의 앞뒤 분할선이다.
좌우의 귀를 세로로 잇고 두상 부위의 측면을 전후로 2등분 하는 선이다.

③ **수평선(H.L–Horizontal Line)** : 두상의 상하 분할선이다.
E.P의 높이를 가로로 잇고 두상 부위의 측면을 상하로 2등분 하는 선이다.

④ **측두선(U Line–F.S.C.P)**
눈 꼬리부터 위로 측중선까지 사이드로 연결하는 선이다.

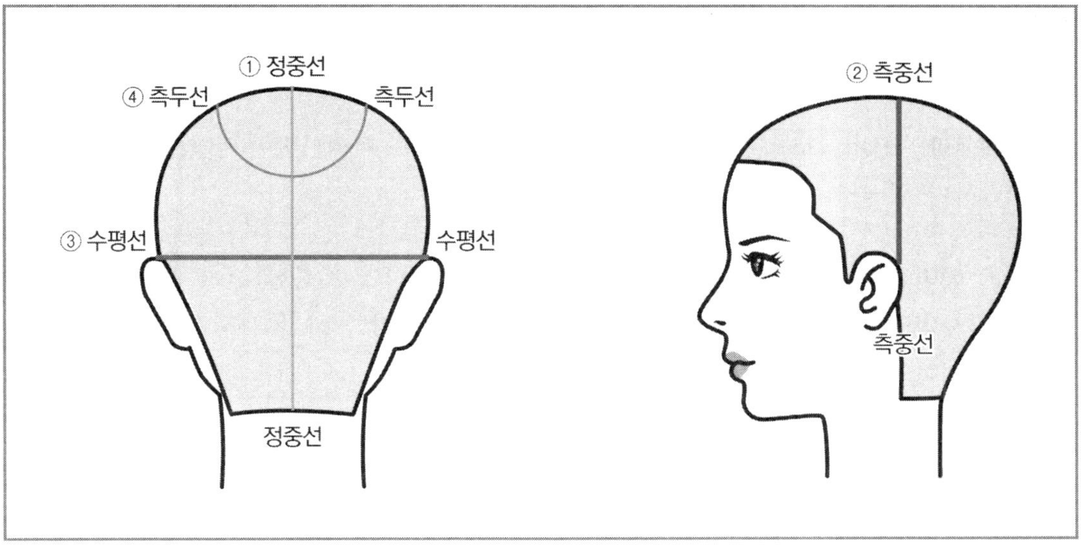

[그림 3-3 ➤ 두상의 분할라인]

❹ 두상의 분할 용어

① **인테리어(Interior)** : 두상의 정상(Crest) 윗부분의 명칭이다.

② **익스테리어(Exterior)** : 두상의 정상(Crest) 아랫부분의 명칭이다.

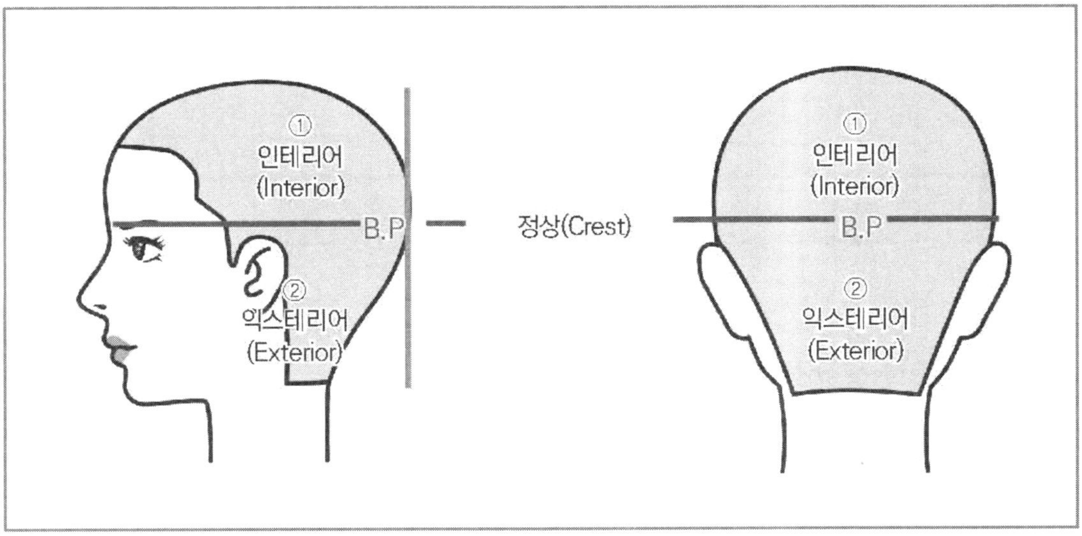

[그림 3-4 ➤ 두상의 분할 용어]

5 헤어라인의 명칭

헤어라인(Hair Line)은 얼굴과 목 부분 귀 밑으로 머리카락이 나있는 경계부분을 말하며 헴 라인(Hem Line)이라 한다.

① **페이스 라인(Face Line)** : 얼굴상부에 머리가 나기 시작한 선이다.
② **사이드 라인(Side Line)** : S.C.P에서 E.P까지 머리가 나기 시작한 선이다.
③ **네이프 라인(Nape Line)** : 목덜미의 선이다.
④ **네이프 사이드라인(Nape Side Line)** : E.P에서 N.S.P를 연결한 선이다.

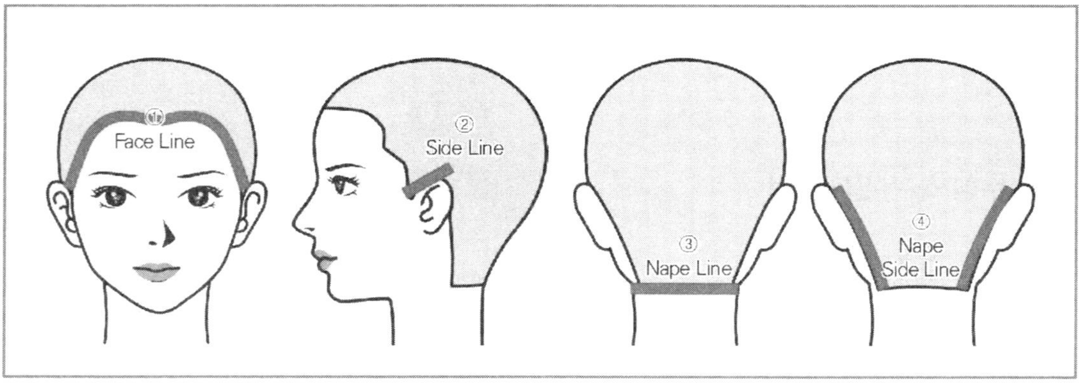

[그림 3-5 ➤ 헤어라인의 명칭]

가위(Scissors)

1 가위(Scissors)조작의 원리

① 가위 조작은 약지손가락 고리에 연결된 고정 날은 움직이지 않고 엄지손가락 고리에 연결된 움직이는 날 만을 이용해 커트하는 것이 기본조작 방법이다.
② 가위의 개폐(開閉)속도와 벌리는 각도는 항상 일정하도록 조작하는 것이 좋다.

❷ 가위(Scissors)의 각부 명칭

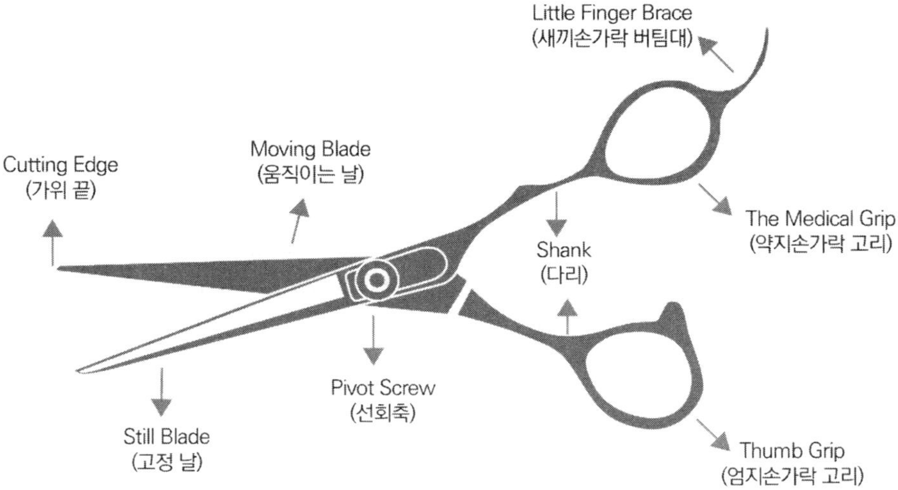

[그림 3-6 ➤ 가위의 명칭정리]

❸ 가위(Scissors)잡는 자세

① 가위 끝이 왼쪽으로 오게 하고 새끼손가락 버팀대는 오른쪽 위로 향하게 한다.

② 새끼손가락 버팀대에 새끼손가락을 얹고 곧게 펴준다.

③ 약지손가락 고리에 약지손가락을 넣고 곧게 펴준다.

④ 엄지손가락 고리에 엄지손가락 손톱 끝을 살짝 걸쳐준다.

⑤ 집게손가락 맨 안쪽 마디에 가위 선회축(Pivot Screw)부분을 밀착시키고 약지손가락 가운데 마디 부위를 지나 새끼손가락 지문 부위까지 사선으로 고정되도록 잡는다.

⑥ 엄지손가락을 제외한 네 개 손가락을 곧게 펴서 붙여주고 손가락 끝이 1시 방향으로 향하도록 팔목을 오른쪽으로 약간 틀어준다.

⑦ 새끼손가락을 구부리거나 위로 들지 말고 지문으로 새끼손가락 버팀대를 지긋이 눌러 중심을 잡아주면 엄지손가락 안쪽 마디에 가위가 잘 밀착되어 고정된다.

⑧ 가위 선회축을 집게손가락 맨 안쪽마디에 고정하는 것은 약지손가락에 끼워진 가위 날이 움직이거나 흔들리지 않도록 중심을 잡아주는 역할을 하기 때문이다.

⑨ 가위는 엄지손가락만을 움직여서 개폐(開閉)하여야 한다.

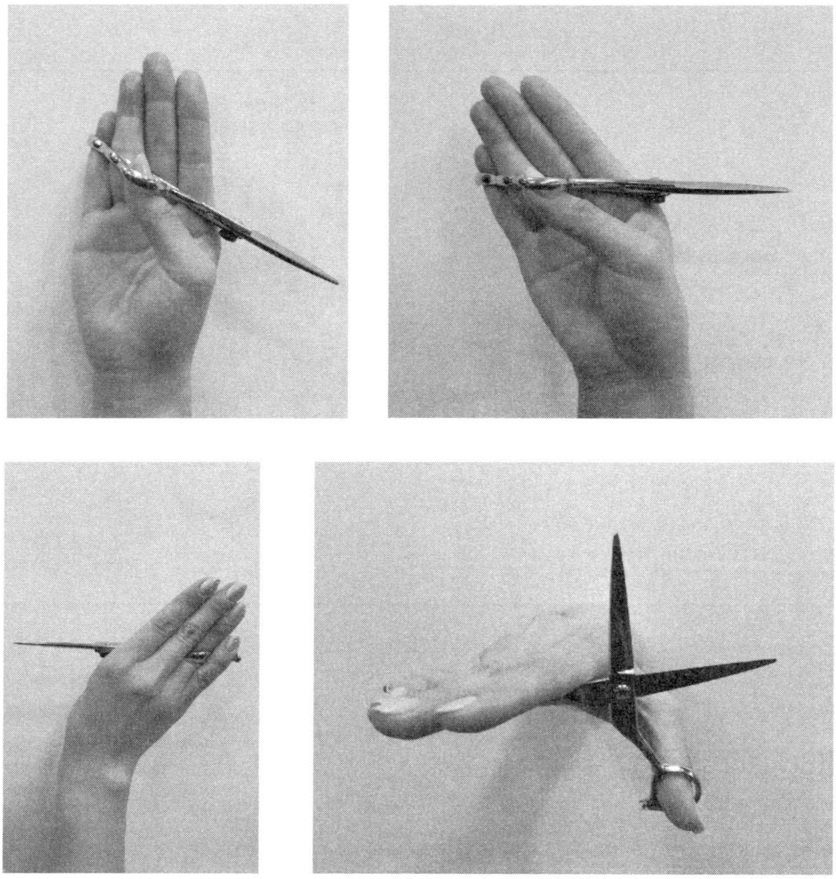

[기본으로 가위 잡는 법]

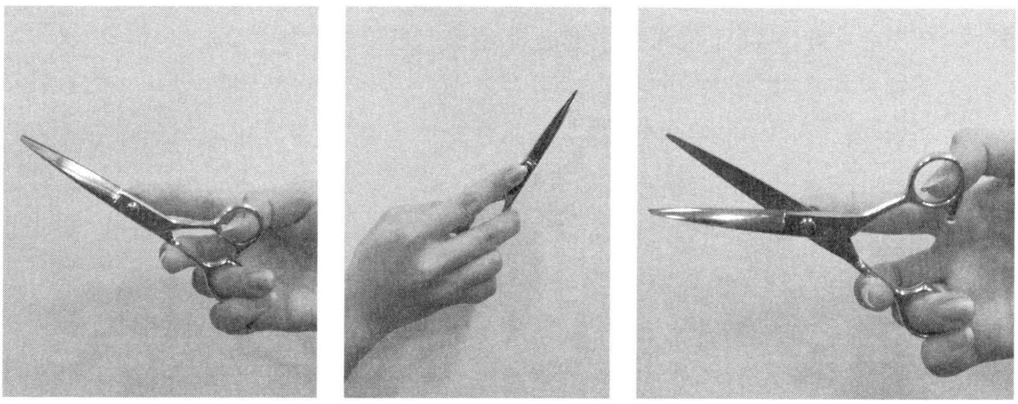

[응용으로 가위 잡는 법]

[**그림 3-7** ➤ 가위 잡는 법]

④ 가위 테크닉

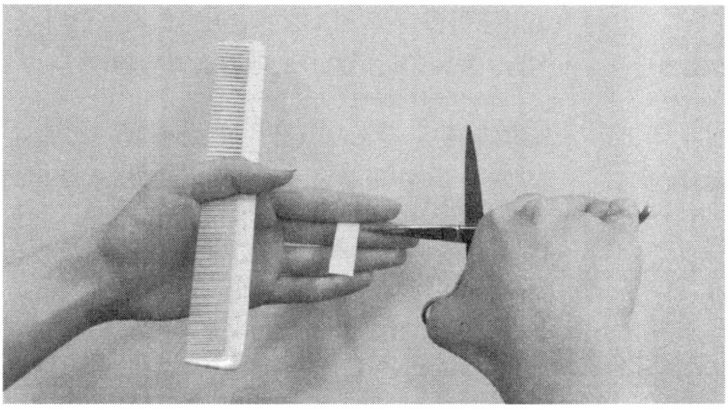

[그림 3-8 ➤ 블런트 커트]

① 블런트 커트(Blunt Cut)

② 스트로크 커트(Stroke Cut)

③ 샤기(Shaggy)

④ 슬리더링(Slithering)

⑤ 트리밍(Trimming)

⑥ 클리핑(Clipping)

⑦ 신징커트(Singeing Cut)

⑧ 포인트 커트(Point Cut)

⑨ 촙핑(Chopping)

⑩ 나칭 커트(Nothing Cut)

⑪ 슬라이드 커트(Slide Cut)

⑫ 슬라이싱(Slicing)

⑬ 블록 커트(Block Cut)

⑭ 브릭 커트(Brick Cut)

⑮ 싱글링(Shingling)

5 가위의 종류

일반 커트 가위 **(Cutting Scissors)**	• 모발길이를 커트하고 정리하는데 사용한다. • 정날, 동날이 동일하게 매끄럽고 날카롭다.
틴닝 가위 **(Thinning Scissors)**	• 모발의 숱을 감소시키거나 모발 끝을 부드럽게 질감을 표현하고자 할 때 사용한다(한쪽 날은 톱니모양, 한쪽은 일반 가위날).
미니 가위 **(Mini Scissors)**	• 4인치~ 5.5인치까지의 길이에 속하는 것으로 정밀한 블런트 커트와 빠른 가위테크닉을 표현하고 할 때 사용한다.
곡선 날 가위 **(R- Scissors)**	• 가위의 날은 직선이지만 가위 날의 끝이 곡선으로 굽어져 있는 가위로 스트록커트에 좋으며 프런트, 네이프, 사이드 등의 세밀한 부분 수정이나 두발 끝 커트에 효과적이다.
리버스 가위 **(Riverse Scissors)**	• 레이저와 가위의 이중효과를 목적으로 만들어 진 가위로 한쪽 날은 레이저로 되어 있다. 모발 끝을 가볍게 하는 커트 시 용이하다.

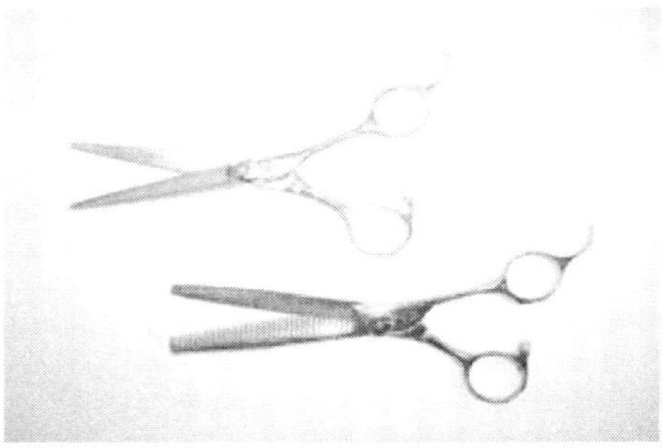

[커트가위와 틴닝가위]

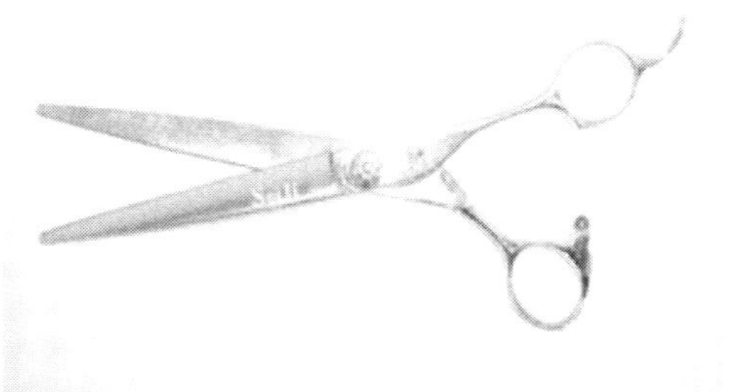

[커트 장 가위]

[그림 3-9 가위의 종류]

빗(Comb)

1 빗(Comb)의 각부 명칭

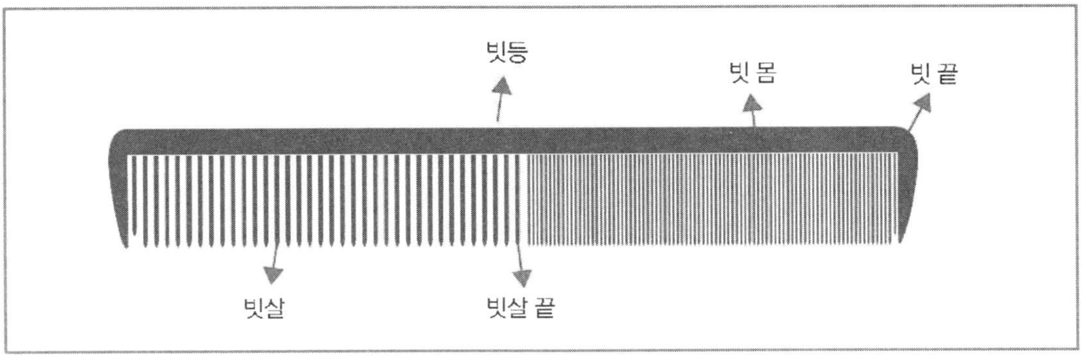

[그림 3-10 ≫ 빗의 명칭]

2 빗을 잡는 자세와 사용하는 방법

① 빗을 사용하지 않을 때에는 빗살 끝이 왼손 엄지손가락 안쪽으로 향하도록 중심을 끼워 잡는다.

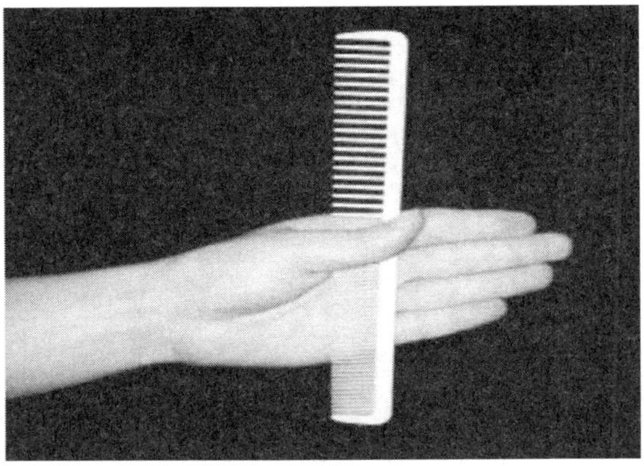

② 빗을 사용할 때에는 엄지손가락 고리에서 엄지손가락을 빼고 가위 끝을 엄지손가락과 집게손가락 안쪽으로 오도록 움켜잡고 엄지와 집게손가락 끝으로 빗을 잡아 사용한다. 이 동작은 두발을 빗기면서 가위 끝으로 두발이 잘려나갈 위험이 있으므로 주의해야 한다.

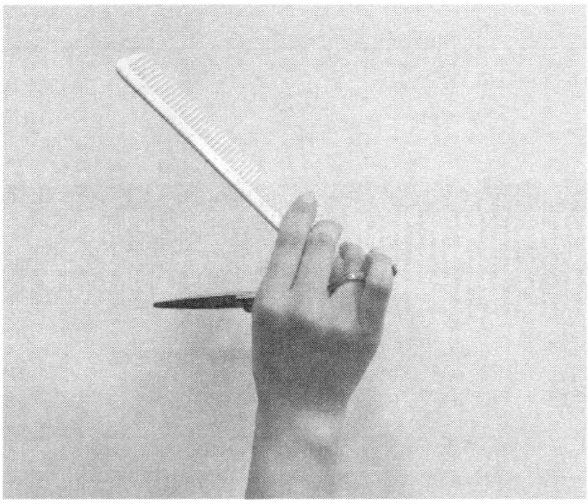

③ 빗 동작을 크게 사용하고 싶을 때에는 가위를 돌려 약지손가락과 새끼손가락 사이 위쪽으로 엄지손가락 고리(Thumb Grip)를 고정시키고 가위 날 끝은 손에 바깥쪽 방향으로 향하도록 한 후 엄지손가락과 집게손가락으로 커트 빗을 잡고 사용한다.

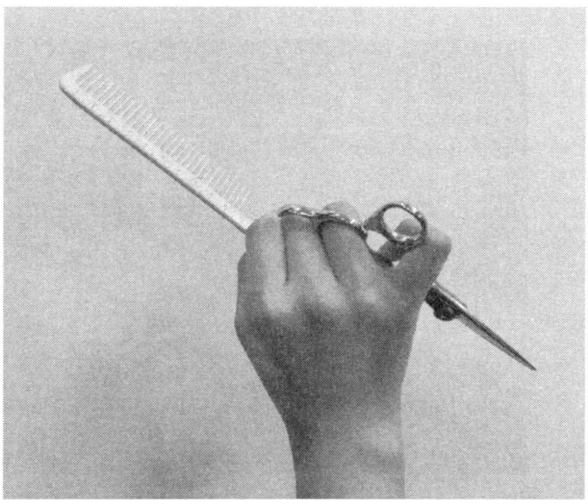

3 섹션 형태에 따른 빗의 위치

① **수평섹션(Horizontal Line)을 슬라이스(Slice)할 때**

커트 빗을 세로로 잡고 집게손가락 지문 쪽에 힘을 주어 슬라이스(Slice)한다.

② **수직섹션(Vertical Line)을 슬라이스(Slice)할 때**

커트 빗을 가로로 잡고 집게손가락 지문 쪽에 힘을 주어 슬라이스(Slice)한다.

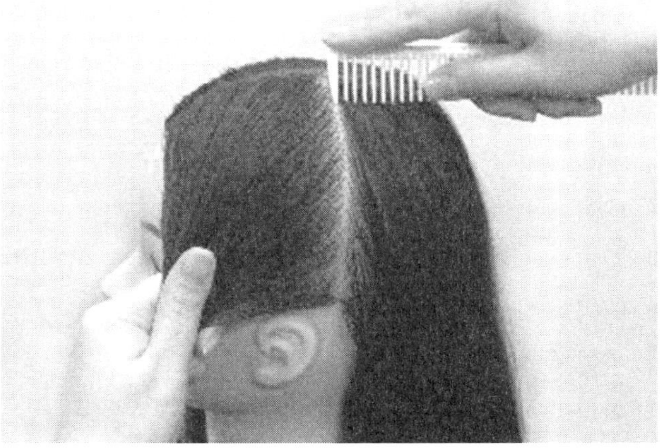

레이저(Razor)

1 레이저 커트(Razor Cut)의 특징

① 모발과 각도를 이루며 모발의 지름을 비스듬히 제거하기 때문에 끝이 가늘게 커트 된다.

② 모발에 부피감을 제거하고 두발 끝에 움직임(인 컬 또는 아웃 컬)을 주고 싶을 때 사용한다.

③ 헤어 크리에이티브와 같은 작품을 시술할 때 일반적으로 레이저를 사용해 커트 한다.

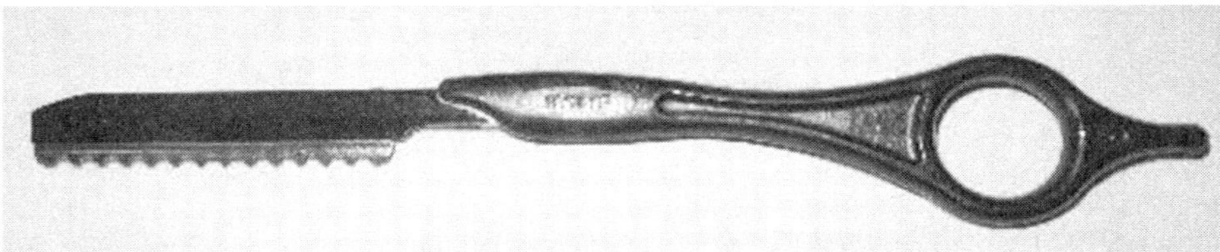

2 레이저 커트(Razor Cut) 기법

① **테이퍼링(Tapering)** : 레이저로 두발 끝을 점차 가늘게 커트하는 기법으로 페더링(Feathering)이라고도 한다.

㉠ 엔드 테이퍼(End Taper) – Short Taper
두발 길이의 1/3 이내를 점차 가늘게 커트하는 기법이다.

㉡ 노말 테이퍼(Normal Taper) – Medium Taper
두발 길이의 1/2 이내를 점차 가늘게 커트하는 기법이다.

㉢ 딥 테이퍼(Deep Taper) – Long Taper
두발 길이의 2/3 이내를 점차 가늘게 커트하는 기법이다.

② **아킹(Arching)**

㉠ 레이저로 두발 안쪽에서 호를 그려 테이퍼링(Tapering)하는 기법이다.

㉡ 위쪽이 길고 아래쪽이 짧아 인 컬(안 마름 형태)을 원할 때 사용한다.

③ **에칭(Etching)**

㉠ 표면에서 짧게 긁듯이 하여 커트하는 기법이다.

㉡ 위쪽의 길이가 짧고 아래쪽이 길게 커트되어 아웃 컬을(겉마름 형태) 원할 때 사용한다.

④ **감자 깍기** : 두발의 판넬(Panel)을 잡고 질감 표현을 하는 기법이다.

⑤ **레이저 로테이션(Razor Rotation)** – 레이저 회전기법

커트한 두발 표면에 층이 고르지 않거나 튀어나온 두발이 있을 때 팔목의 힘을 빼고 레이저(Razor)와 커트 빗으로 원을 그리듯 회전하며 두발을 훑어내는 기법이다.

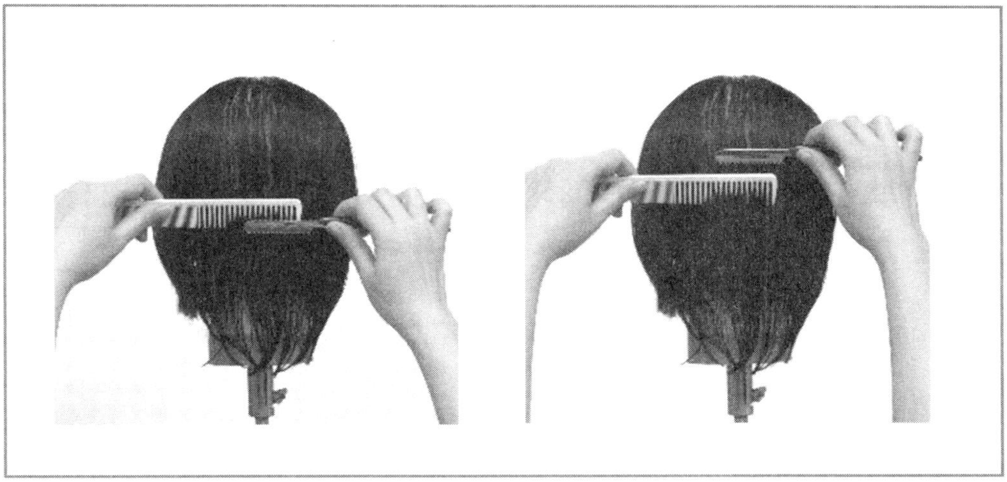

❸ 레이저 커트 시술 시 주의사항

① 두발에 수분상태가 고르게 분무한 후 젖은 두발로 커트해야 한다.

② 수분이 고르지 못하면 큐티클 층이 손상되어 끝이 끊어지고 갈라질 수 있다.

③ 한꺼번에 지나치게 잘려나갈 위험이 있으므로 손에 힘 조절을 고르게 한다.

④ 빗살 폭이 좁고 가는 쪽으로 빗겨서 세심하게 커트한다.

틴닝 가위(Thinning Scissors)

1 직선 날 틴닝 가위

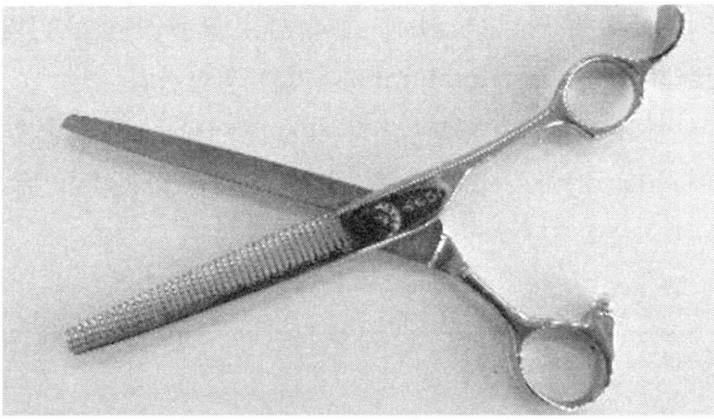

① **틴닝 가위(Thinning Scissors)** : 직선 날 또는 사선 날 모양이다.
② 두발의 기장은 그대로 두고 숱을 감소시켜 모량을 조절하고 싶을 때 사용한다.
③ 남성 두발을 커트할 때 연속 깎기(싱글링) 기법에 주로 사용되는 도구이다.
④ 아래 그림은 틴닝 가위(Thinning Scissors)의 개폐 회수에 따라 두발 숱과 길이가 감소되는 과정이다.
⑤ 가위 살이 넓을수록 감소량이 많아진다.

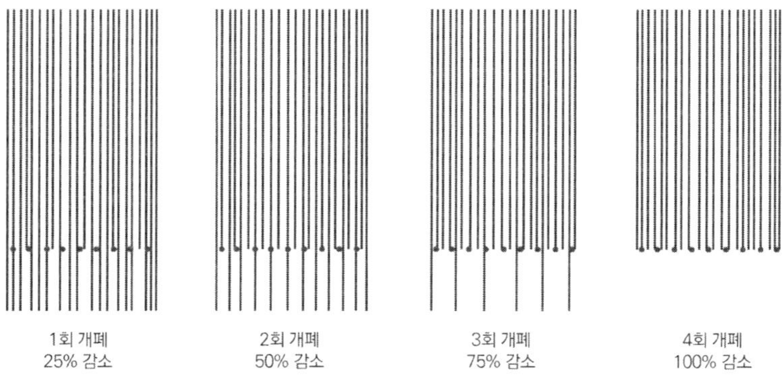

❷ 곡선 날 틴닝 가위

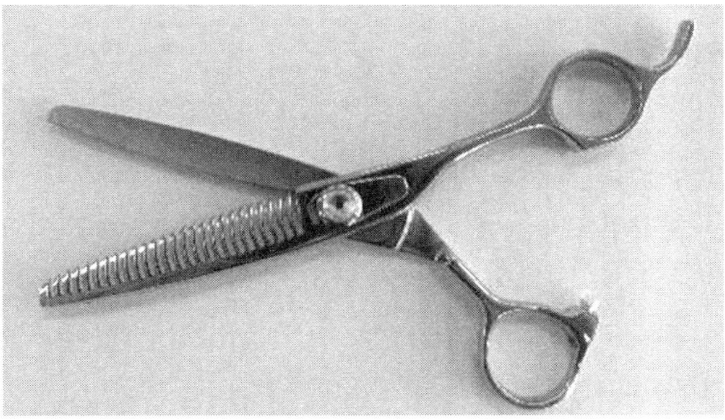

① **텍스쳐 가위(Texture Scissors)** : 곡선 날(일명 : 3홈 날) 모양이다.
② 다양한 스타일을 만들 수 있어 질감처리와 슬라이드 기법에 사용한다.
③ 두발 끝을 가늘고 부드럽게 붓끝처럼 가벼운 효과를 주기위해 사용한다.
④ 아래 그림은 텍스쳐 가위(Texture Scissors)의 개폐 회수에 따라 두발 숱과 길이가 감소되는 과정이다.
⑤ 가위 살이 넓을수록 감소량이 많아진다.

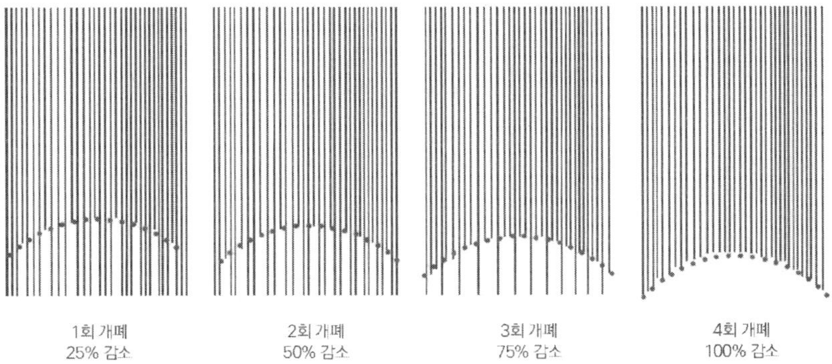

클리퍼(Clipper)

1 클리퍼의 원리

① 클리퍼(Clipper)는 프랑스 바리깡뜨(Mr, Barriquant)가 1870년경에 발명했다.
② 현대에는 클리퍼(Clipper) 디자인의 다양화와 성능이 업그레이드(Up Grade) 되면서 전기의 동력을 이용해 두 날이 교차하면서 두발을 집어 커트하는 기법으로 짧은 두발을 신속하게 커트할 수 있는 장점이 있어 헤어디자이너에게 아주 중요한 기구이다.

2 클리퍼의 종류

1) 굵은 두발용

굵은 두발과 보통두발을 커트할 때 적합하고 날의 길이를 조절 하며 커트할 수 있으며 날만 따로 구입해 교체 사용할 수 있는 장점이 있으나 처음 구입할 때 가격이 비싼 단점이 있다.

2) 보통 두발용

중간 크기의 날로 가는 두발이나 곱슬머리를 커트할 때 사용한다.

3) 가는 두발(연모)용

목 부분과 귀 앞 구레나룻 부위에 잔털을 제거하는 용도로 면도기 대용으로 간편하게 사용한다.

4) 조각 클리퍼(Sculpture Clipper)

두상에 글자나 문양 등을 새겨 넣을 때 사용하는 클리퍼이다.

수행 내용

항목	내용
실습장비 도구 및 재료	[장비 및 도구] • 블런트 가위와 다양한 커트전용 빗류 • 핀셋 • 분무기 • 얼굴털이용 스폰지 • 어깨보, 커트보, 가운 • 미용의자와 거울 • 헤어드라이기와 브러시류 [재 료] • 샴푸제와 린스제 • 타월 • 헤어스타일 연출제품
자료	• 헤어스타일 북
유의 사항	• 커트 시 정확한 자세를 취한다. • 가위질을 정확하게 사용한다. • 블로킹, 슬라이스를 깨끗하게 나뉜다. • 두상의 각도를 잘 이해하고 조절한다. • 커트의 종류에 따른 커트를 정확하게 커트한다.

교수·학습 방법

1 교수 방법

① 두상의 포인트를 설명한다.
② 두상의 포인트와 부위별 명칭을 설명한다.
③ 두상의 분할 라인을 설명한다.
④ 가위조작의 원리와 각부의 명칭을 설명한다.
⑤ 가위와 빗의 잡는 자세를 설명한다.
⑥ 가위 테크닉을 설명한다.
⑦ 레이저 커트에 대해 설명한다.

2 학습 방법

① 두상의 포인트와 부위별 명칭을 정확히 알 수 있다.
② 두상의 분할 라인을 설명할 수 있다.
③ 가위조작의 원리를 파악할 수 있다.
④ 가위의 각부 명칭을 파악할 수 있다.
⑤ 가위와 빗의 잡는 자세를 취할 수 있다.
⑥ 가위 테크닉을 알 수 있다.

학습정리

1. 두상의 명칭과 포인트, 분할 라인이 있다.
2. 가위조작 원리와 가위의 각부 명칭이 있다.
3. 가위와 빗의 잡는 자세에 대하여 알 수 있다.
4. 가위나 레이저에는 테크닉이 있다.

수행평가(체크리스트)				
번호	항 목	우수	보통	미흡
1	두상의 포인트와 부위별 명칭, 분할라인을 정확히 알 수 있다.	③	②	①
2	가위의 조작원리와 명칭, 가위와 빗의 잡는 방법, 자세 테크닉에 대해 알 수 있다.	③	②	①

피드백

1. 두상의 포인트와 부위별 명칭, 분할라인을 정확히 알 수 있다.
2. 가위의 조작원리와 명칭, 가위와 빗의 잡는 방법, 자세 테크닉에 대해 알 수 있다.

MEMO

학습모듈 A-2

기본 헤어커트 시술하기

4주차
원랭스 커트 1

1 학습모듈 개요

① 앞뒤 모발의 길이가 동일하게 일직선으로 연결된 스타일이다.
② 층이 발생하지 않는다.

2 학습목표

① 일반 헤어커트용 가위인 블런트 가위를 정확하게 사용할 수 있다.
② 정확하고 올바른 자세로 커트할 수 있다.
③ 원랭스 커트를 위하여 블로킹과 슬라이스 시술각도를 조절할 수 있다.

3 헤어길이와 형태의 변화

1) 선(Line)

모발의 길이를 결정하는 요소

(1) 호리존탈(Horizontal) : 수평

① 두상에서 그려지는 지면과 수평한 선을 뜻한다.

② 패러렐 커트(Parallel Cut)스타일에 적용된다.

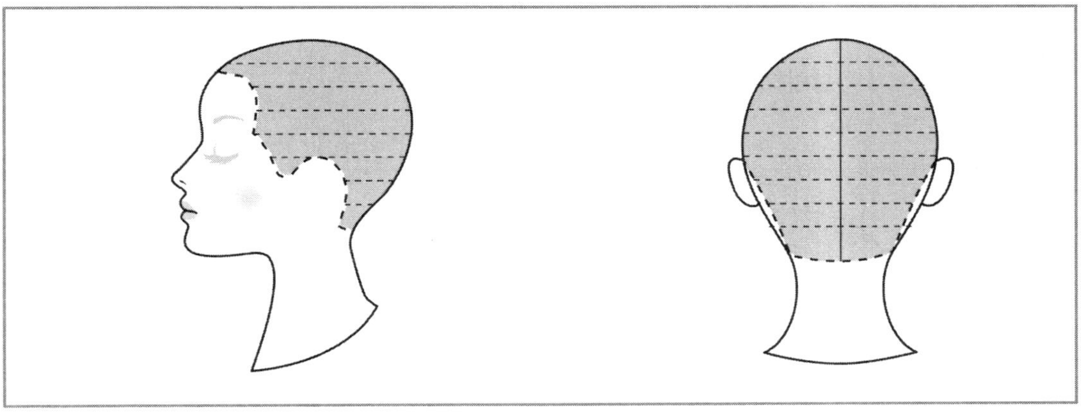

(2) 버티컬(Vertical) : 수직

① 두상에서 그려지는 지면과 수직한 선을 뜻한다.

② 스퀘어 레이어 커트(Square Layer Cut) 스타일에 적용된다.

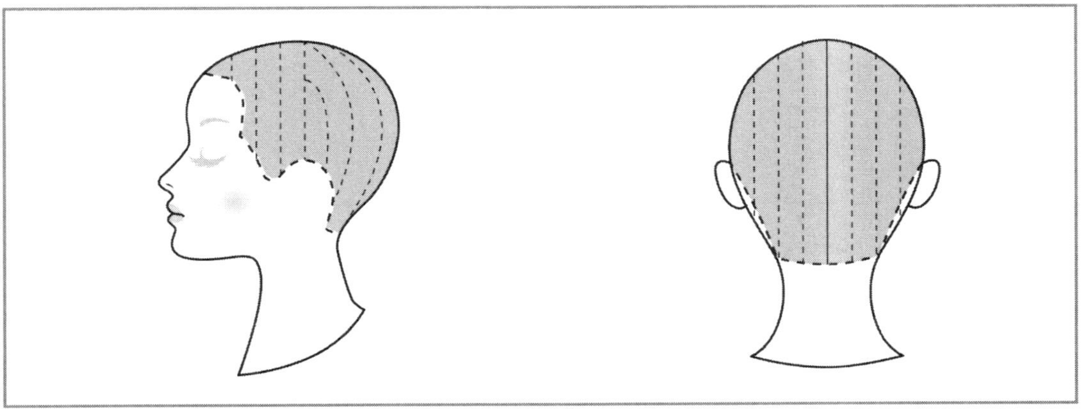

2) 다이애거널(Diagonal)

① **다이애거널 백(Diagonal back)** : 후대각

② **다이애거널 포워드(Diagonal forward)** : 전대각

③ **다이애거널 레프트(Diagonal Left)** : 좌대각
④ **다이애거널 라이트(Diagonal right)** : 우대각

(1) 컨케이브(Concave)

① 후두부에서 전두부 방향으로 내려가는 직선을 뜻한다.
② 두상에 ∧ 모양의 라인이 형성된다.

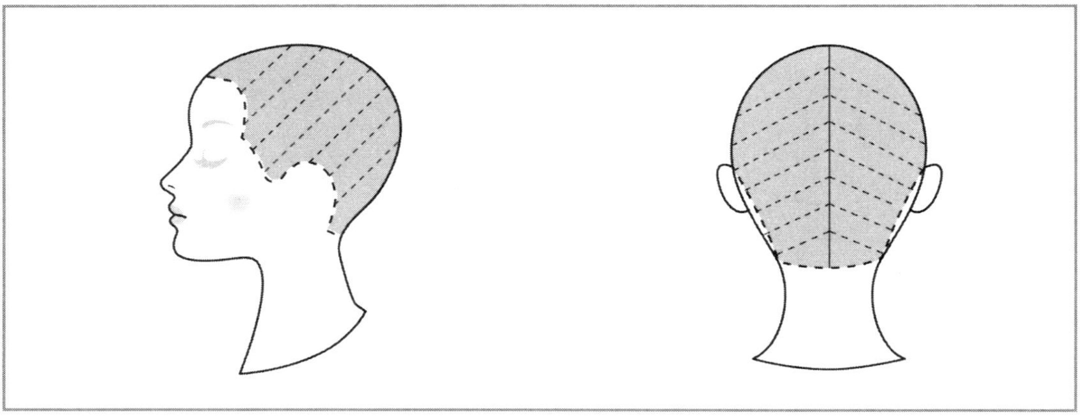

(2) 컨백스(Convex)

① 후두부에서 전두부 방향으로 올라가는 직선을 뜻한다.
② 두상에 ∪ 모양의 라인이 형성된다.

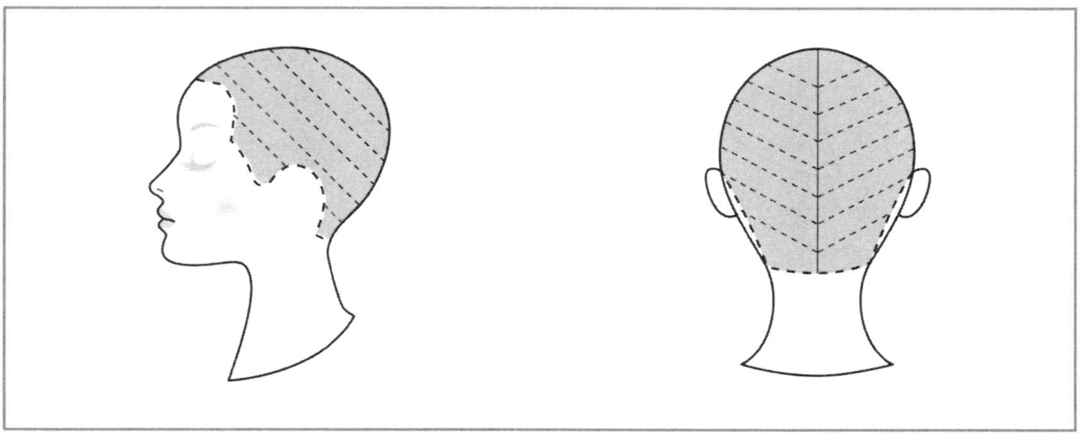

3) 원랭스 커트의 4가지 패턴

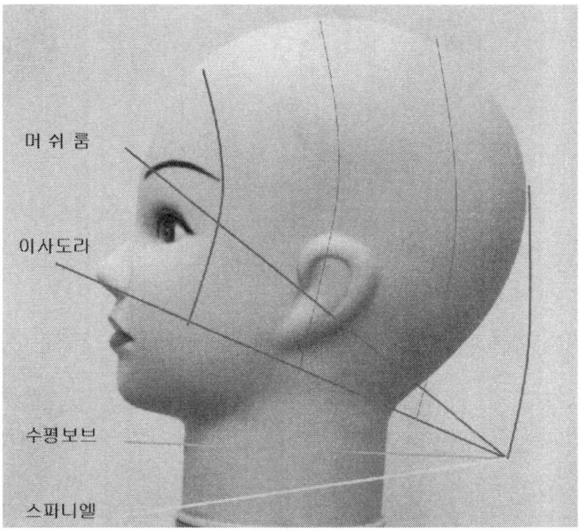

4) 헤어의 분할라인

	헤어라인 확인	헤어 완성
호리존탈 (Horizontal) : 수평		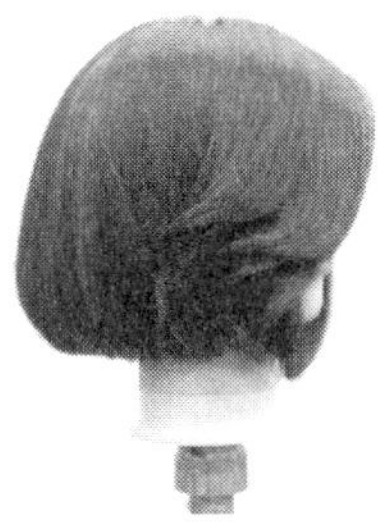
다이애거널 포워드 (Diagonal forward) : 전대각	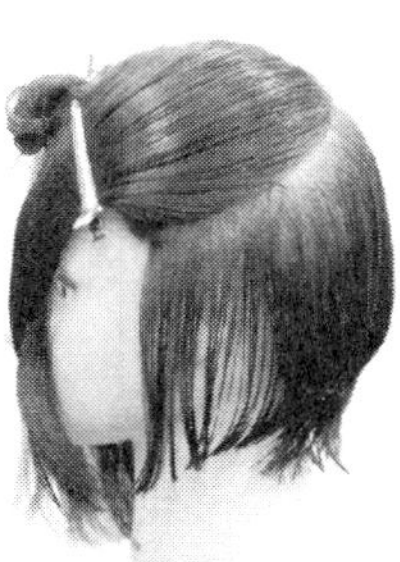	

	헤어라인 확인	헤어 완성
다이애거널 백 (Diagonal back) : 후대각	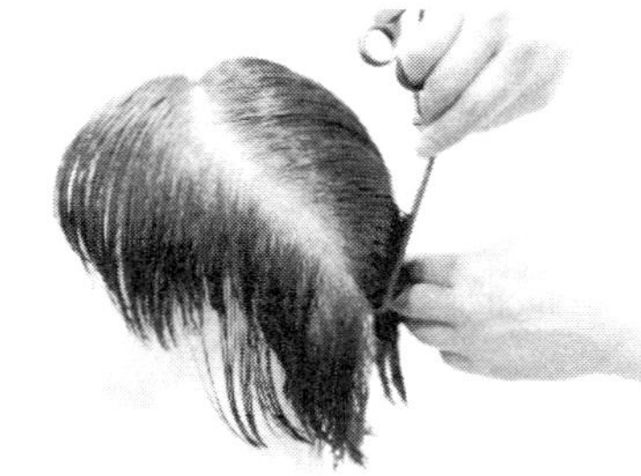	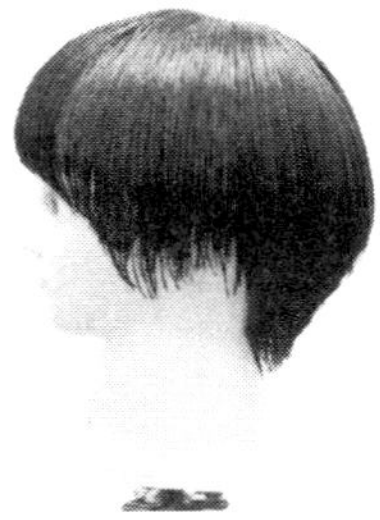
컨케이브 (Concave)	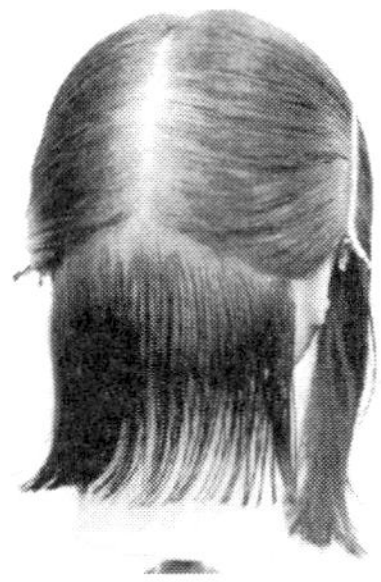	
컨백스 (Convex)	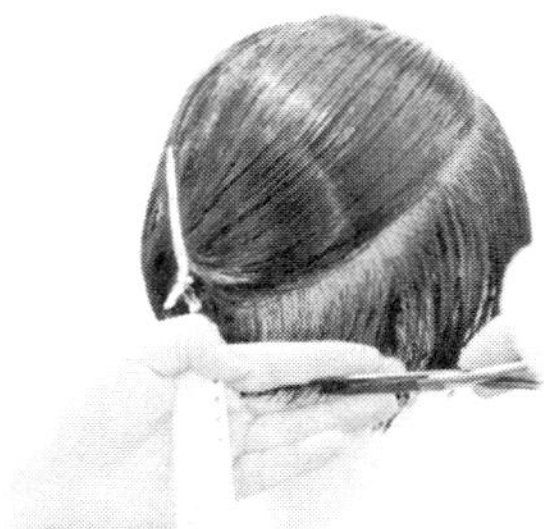	

❹ 실습 : 파라렐 원랭스

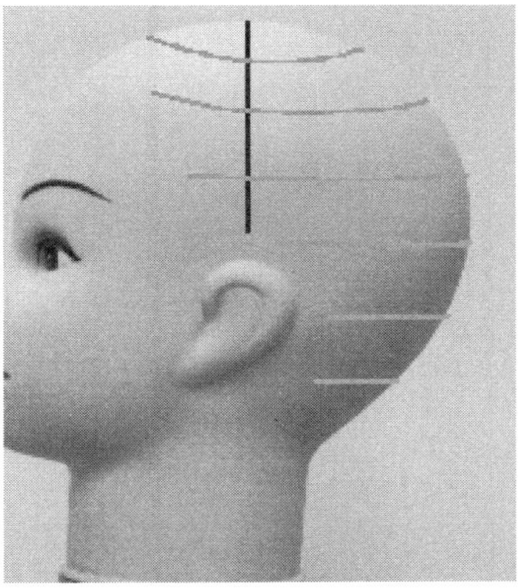	
선 : 수평	[옆면 도해도를 그려보세요.]

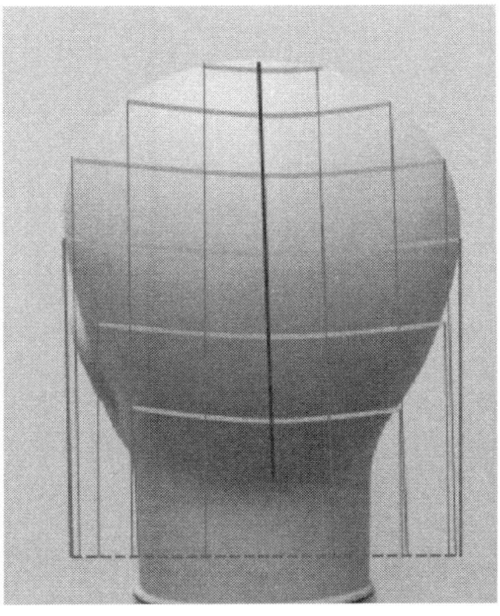	
	[커트라인 도해도를 그려보세요.]

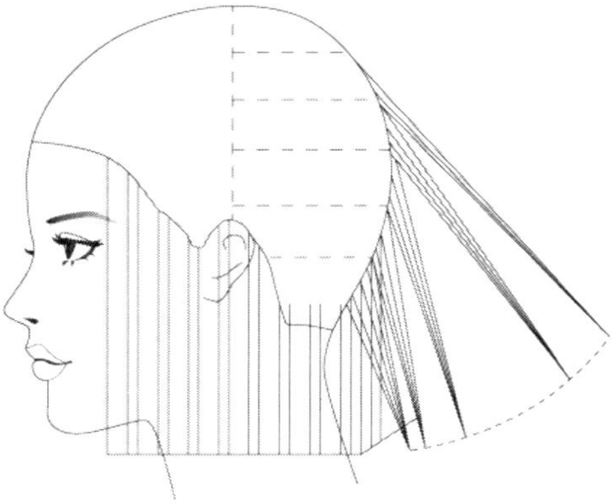	
	[도해도를 그려보세요.]

	[이곳에 실습 사진을 붙이세요.]
블로킹4등분	

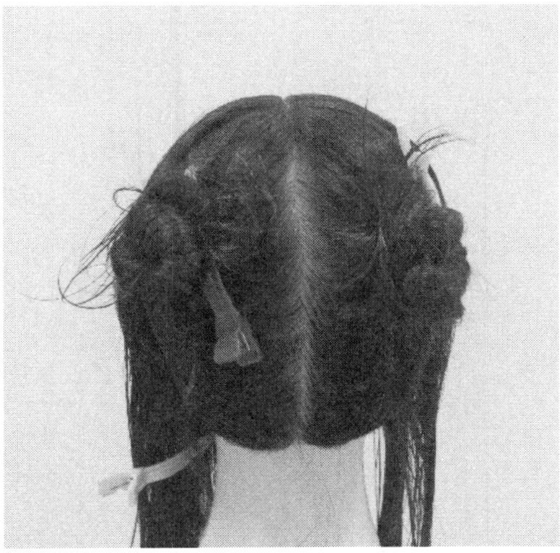	[이곳에 실습 사진을 붙이세요.]
파트, 블로킹	

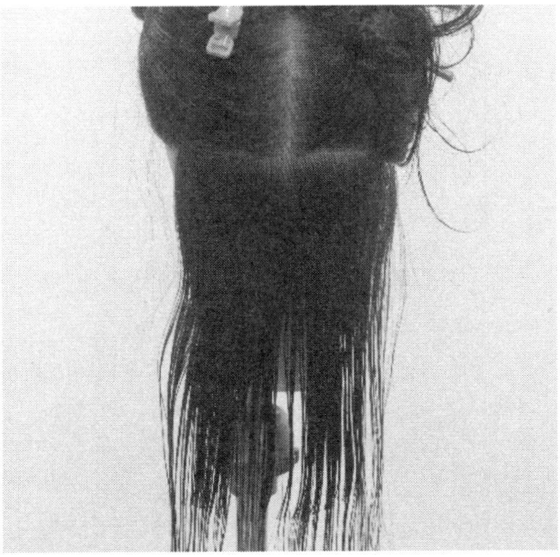	[이곳에 실습 사진을 붙이세요.]
4등분 블로킹, 수평섹션	

	[이곳에 실습 사진을 붙이세요.]
옆면 슬라이스	

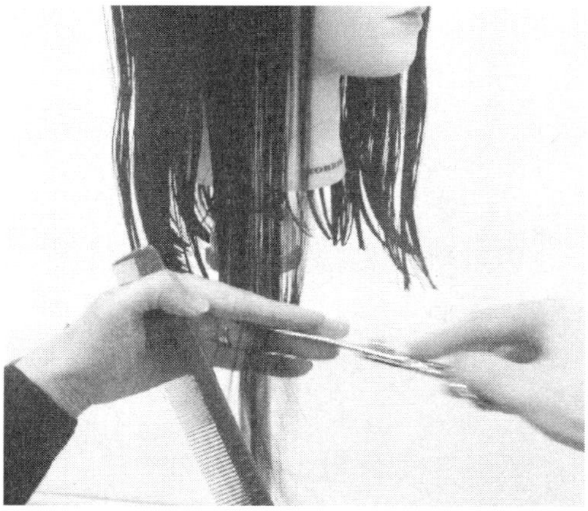	[이곳에 실습 사진을 붙이세요.]
옆선 커트라인	

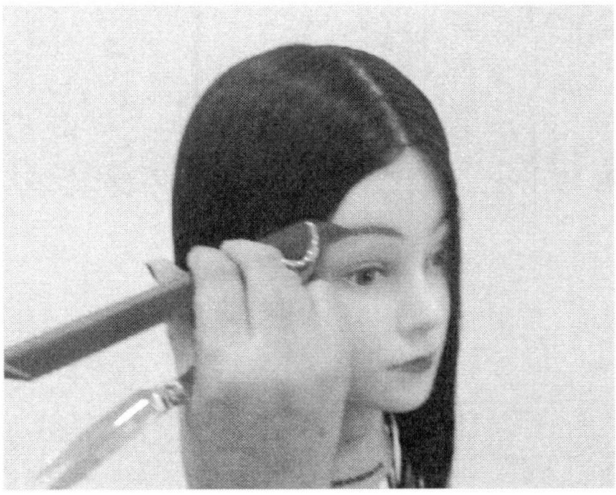	[이곳에 실습 사진을 붙이세요.]
앞머리 커트 방법	

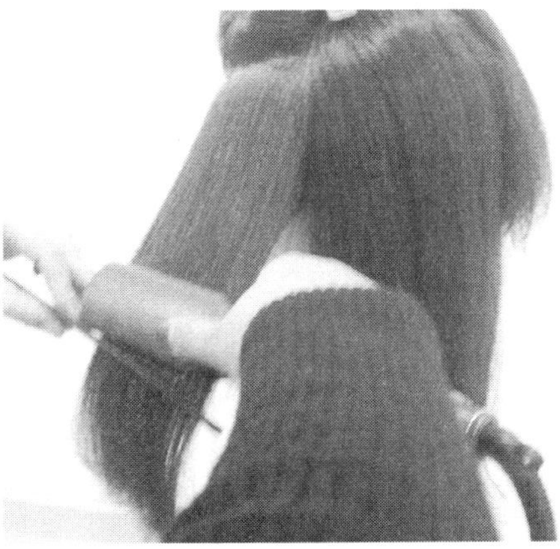	[이곳에 실습 사진을 붙이세요.]
매직기 사용법 익히기	

5주차

원랭스 커트 2

1 학습모듈 개요

① 앞뒤 모발의 길이가 동일하게 일직선으로 연결된 스타일이다.
② 층이 발생하지 않는다.

2 학습목표

① 일반 헤어커트용 가위인 블런트 가위를 정확하게 사용할 수 있다.
② 정확하고 올바른 자세로 커트할 수 있다.
③ 원랭스 커트를 위하여 블로킹과 슬라이스 시술각도를 조절할 수 있다.

3 헤어길이와 형태의 변화

1) 각(Angle)

헤어의 위/아래 길이를 결정하는 요소

2) 각도와 쉐이프

(1) 원랭스 0도 쉐이프 표현

수많은 커트를 하고 있는 사람이면 이 커트라인을 보기만 하여도 다음 스타일의 힌트가 나올 것이다. 도해도는 말로 표현할 수 없는 이외의 무엇인가를 가르쳐 주고 있다.

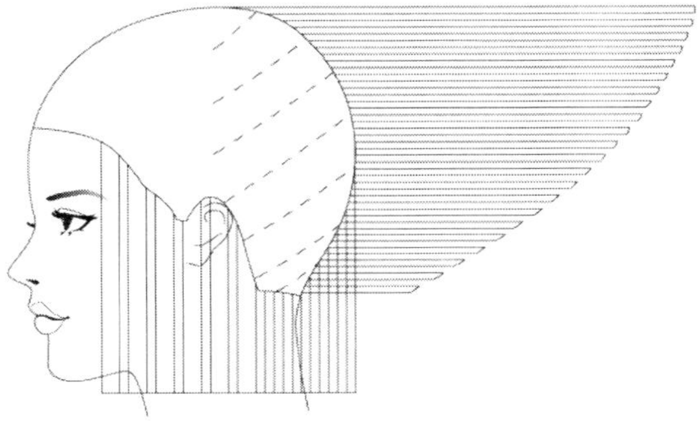

(2) 30도 쉐이프 표현

머리 뒷부분을 30도 쉐이프로 커트하였을 때의 절단면과 커트라인

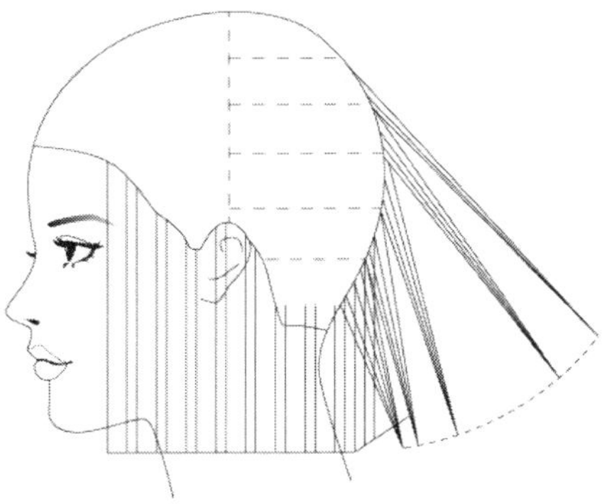

(3) 45도 쉐이프 표현

머리 뒷부분을 45도 쉐이프로 커트하였을 때의 절단면과 커트라인

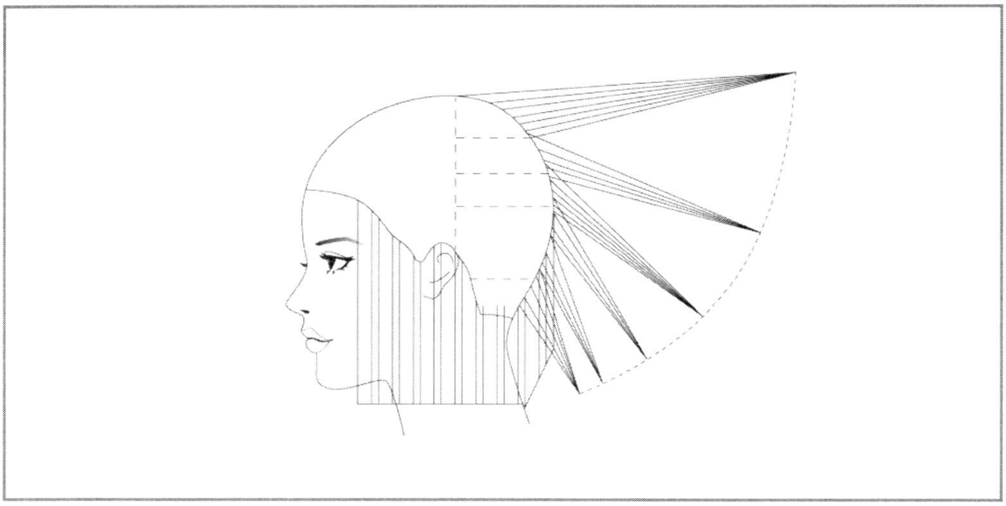

(4) 90도 쉐이프 표현

온 베이스로 커트한다.

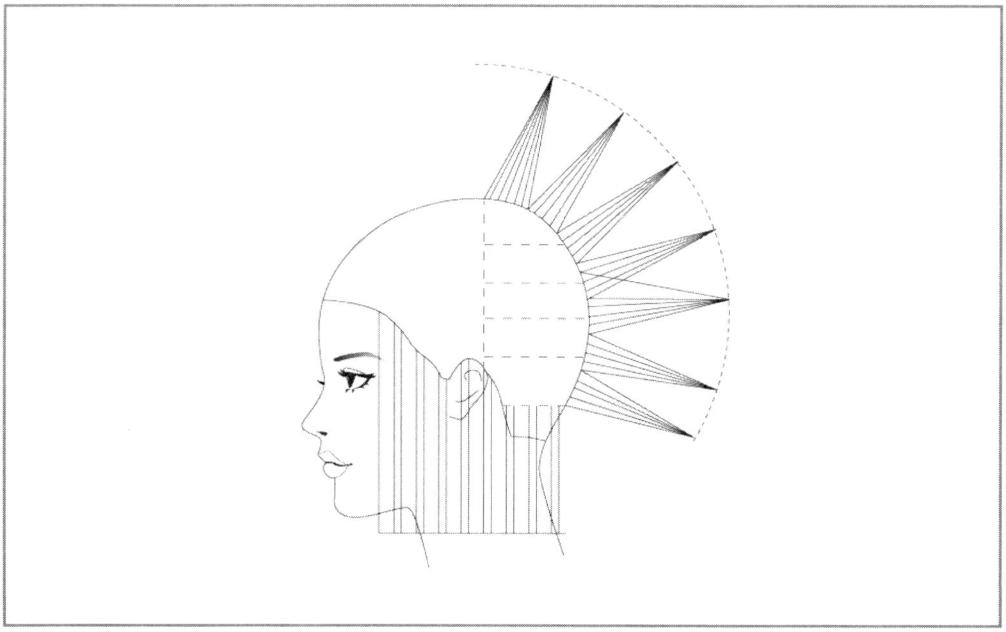

4 원랭스 커트 시술 준비

파트(Part)	센터파트(Center Part)
블로킹(Blocking)	4등분
앞뒤단차	0cm
슬라이스(Slice) 폭	1 ~ 2cm
시술각(Projection)	0°(자연시술각)
섹션(Section)	일직선 (−) 평행
베이스(Base)	−
분배(Distribution)	자연분배
고정 가이드라인 (Stationary Guide Line)	네이프 라인(Nape Line)에서 20cm

5 실습 원랭스 : 파라렐

① 4주차 보다 약 3cm 짧은 패러렐 디자인하기
② 시술 준비에 맞게 커트 준비하기
③ 시술 준비에 맞게 기본 헤어커트 시술하기
④ 시술 준비에 맞은 기본 헤어커트 마무리하기

[정면]	
[정면 도해도를 그려보세요.]	[측면 도해도를 그려보세요.]

[전체길이 도해도를 그려보세요.]	

[BEFORE]	[이곳에 실습 사진을 붙이세요.]
[BEFORE]	

[4등분 블로킹 사진]	[이곳에 실습 사진을 붙이세요.]
[4등분 블로킹 사진]	

[네이프 커트모습]	[이곳에 실습 사진을 붙이세요.]
[네이프 커트모습]	

[백 포인트 커트모습]	[이곳에 실습 사진을 붙이세요.]
[백 포인트 커트모습]	

[옆모습]	[이곳에 실습 사진을 붙이세요.]
[옆모습]	

[앞모습]	[이곳에 실습 사진을 붙이세요.]
[앞모습]	

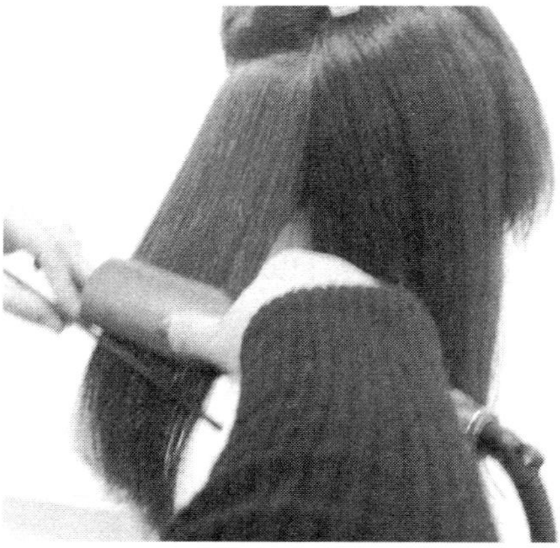	[이곳에 실습 사진을 붙이세요.]

	[이곳에 실습 사진을 붙이세요.]
[마무리에 맞는 커트수정하기]	

	[이곳에 실습 사진을 붙이세요.]
[틴닝가위 활용]	

	[이곳에 실습 사진을 붙이세요.]
[완성된 뒷모습]	

교수·학습 방법

1 교수 방법

① 헤어커트용 가위인 블런트 가위 사용법을 정확하게 설명한다.
② 정확하고 올바른 커트자세를 설명한다.
③ 헤어커트를 위한 블로킹을 설명한다.
④ 헤어커트를 위한 슬라이스를 설명한다.
⑤ 헤어커트를 위한 시술각도를 설명한다.
⑥ 원랭스 커트인 파라렐 커트를 설명한다.

2 학습 방법

① 헤어커트용 가위인 블런트 가위 사용법을 정확하게 이해하고 사용할 수 있게 한다.
② 정확하고 올바른 커트자세를 취해 커트 연습 시 활용한다.
③ 헤어커트를 위한 블로킹 설명을 잘 이해하고 실습하여 커트 시 적용할 수 있게 한다.
④ 헤어커트를 위한 슬라이스 설명을 잘 이해하고 실습하여 커트 시 적용할 수 있게 한다.
⑤ 헤어커트를 위한 시술각도 설명을 잘 이해하고 실습하여 커트 시 적용할 수 있게 한다.
⑥ 원랭스 커트를 할 수 있다.

학습정리

1. 헤어커트용 가위인 블런트 가위 사용법과 빗질 사용법을 능숙하게 사용할 수 있도록 연습한다.
2. 언더, 미들, 오버 부분의 정확하고 올바른 커트자세를 취할 수 있다.
3. 2블로킹, 3블로킹, 4블로킹 등 디자인에 따라 블로킹을 나눌 수 있다.
4. 슬라이스, 섹션의 종류에 따른 시술을 정확하게 할 수 있다.
5. 두피와 시술각도를 정확하게 이해하여 커트 시 적용한다.
6. 원랭스 커트 중 파라렐 커트를 할 수 있다.

수행평가(지필평가)

번호	항 목	평가
1	나는 고객에게 어깨보, 커트보, 가운 등을 착용해 줄 수 있다.	
2	원랭스 커트의 시술 준비에 대해 표로 작성하시오	

수행평가(체크리스트)

번호	항 목	우수	보통	미흡
1	일반 헤어커트용 가위인 블런트 가위를 정확하게 사용할 수 있다.	③	②	①
2	정확하고 올바른 자세로 커트할 수 있다.	③	②	①
3	기본 헤어커트를 위해 블로킹을 할 수 있다.	③	②	①
4	기본 헤어커트를 위해 슬라이스를 할 수 있다.	③	②	①
5	기본 헤어커트를 위해 시술각도를 조절할 수 있다.	③	②	①
6	원랭스, 그레쥬에이션, 레이어 유형을 커트할 수 있다.	③	②	①

피드백

1. 헤어커트용 가위인 블런트 커트를 정확히 사용
2. 정확하고 올바른 자세로 커트할 수 있음
3. 파팅에 대한 시술 확인
4. 슬라이스와 시술각도에 대한 시술 확인
5. 원랭스 커트에 대한 확인

6주차
스파니엘 커트 1

1 학습모듈 개요

① 앞뒤의 단차가 나며 뒤가 짧고 앞이 길다.
② 층이 발생하지 않는다.

2 학습목표

① 일반 헤어커트용 가위인 블런트 가위를 정확하게 사용할 수 있다.
② 정확하고 올바른 자세로 커트할 수 있다.
③ 스파니엘 커트를 위하여 블로킹과 슬라이스 시술각도를 조절할 수 있다.

3 헤어길이와 형태의 변화

1) 베이스(Base)

헤어의 좌우 길이를 결정하는 주요 요소

(1) 수평섹션 베이스(Horizontal Section Base)

커트디자인을 하기 위해 수평섹션에서 모발의 일정한 길이 변화를 주는 방법

① **업 베이스(Up Base)** : 섹션 폭에 맞추었을 때 위 방향으로 판넬을 들어 올려서 커트하는 것이다. 가이드에 맞추어 커트를 진행하며 아래 모발의 길이가 길어진다.

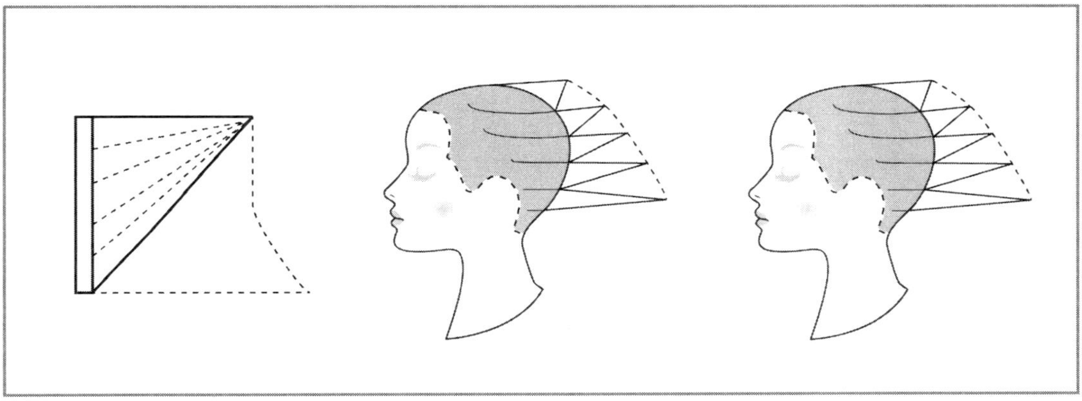

② **다운 베이스(Down Base)** : 섹션 폭에 맞추었을 때 아랫방향으로 들어 올려서 커트하는 것이다. 가이드에 맞추어 커트를 진행하며 위의 모발의 길이가 길어진다.

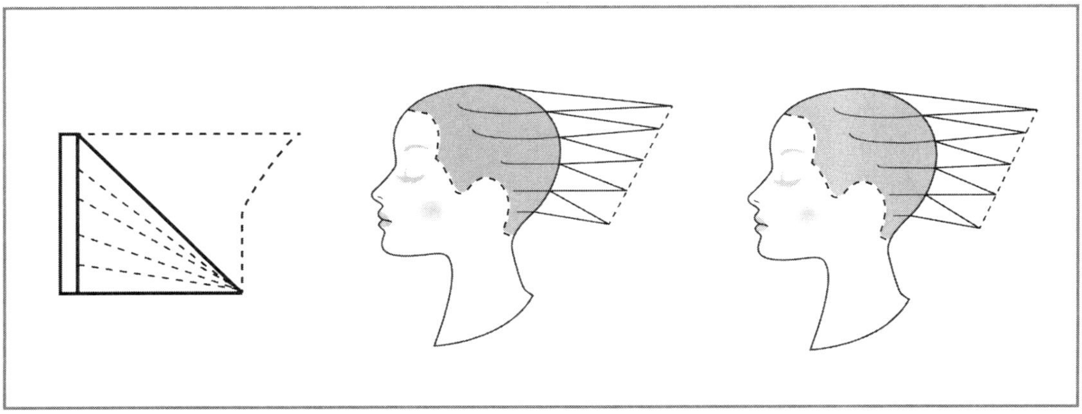

③ **온 더 베이스(On The Base)** : 섹션중심에서 커트가 이루어진다. 가이드에 맞추어 커트를 진행하며 동일한 모발길이를 얻을 수 있다.

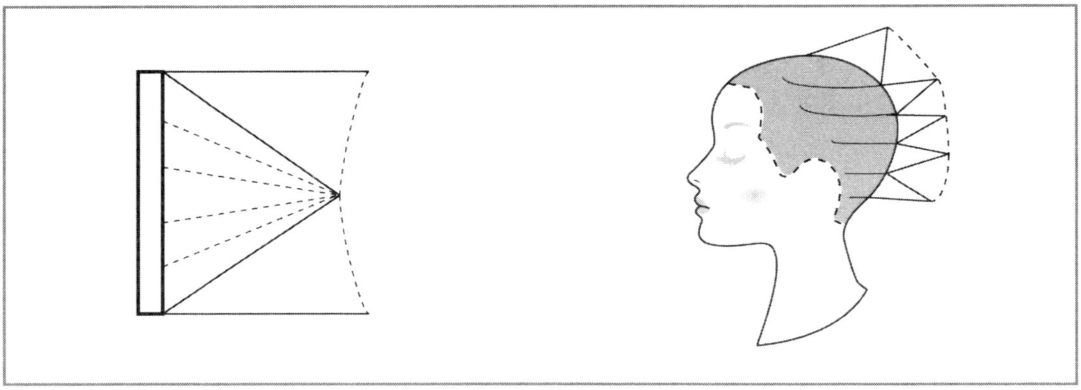

(2) 수직섹션 베이스(Vertical Section Base)

커트디자인에 있어 상하의 길이 변화가 아닌 좌우의 길이 변화를 줄 때 이용한다.

① **온 더 베이스(On The Base)** : 파팅의 중심이 90°가 되도록 하며, 섹션 중심에서 커트가 이루어지고, 가이드에 맞추어 커트 진행 시 모발의 길이가 동일하게 된다.

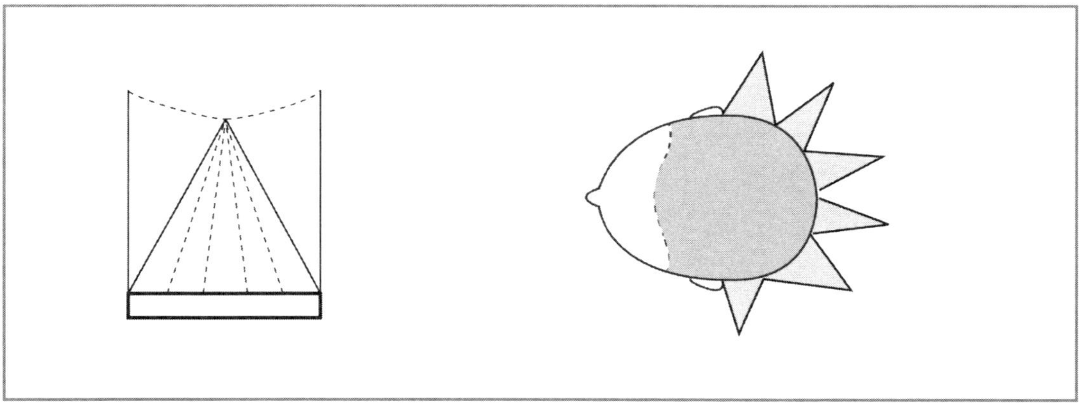

② **사이드 베이스(Side Base)** : 섹션의 좌 또는 우의 측면의 한 변이 90° 기준을 잡고 모아서 커트 하는 것으로 좌우의 길이를 일정하게 변화를 주고자 할 때 쓰이는 베이스이다. 당기 방향이 프론트 방향인지, 백 방향인지에 따라 커트 진행시 모발의 길이가 길어지기도 하고, 짧아지기도 한다. 커트 진행방향이 프론트 방향일 때 프론트 방향으로 당기면 모발 길이가 점점 짧아지고, 백 방향으로 당기면 모발길이가 점점 길어진다.

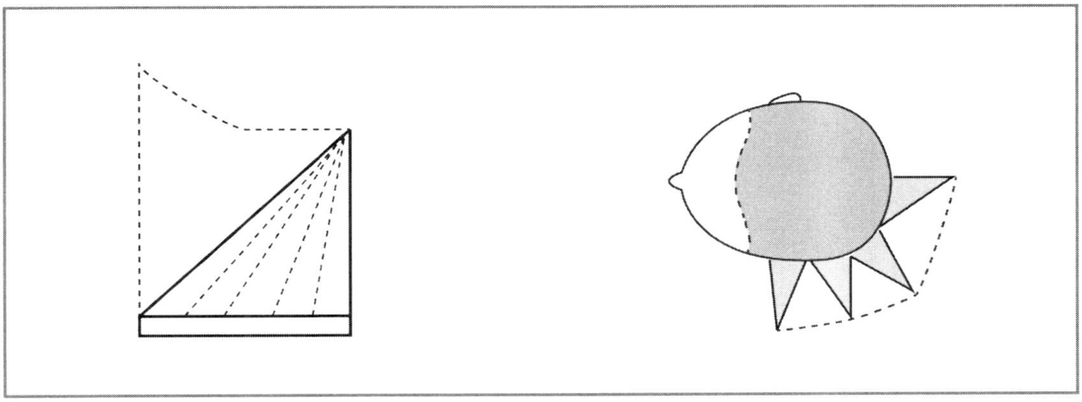

③ **프리 베이스(Free Base)** : 온 더 베이스와 사이드베이스 기준 사이에 커트 지점이 존재하는 것으로 좌우의 길이가 일정하게 증가 또는 감소하는데, 모발의 길이 변화가 온 더 베이스 보다는 심하고, 사이드 베이스보다는 심하지 않다.

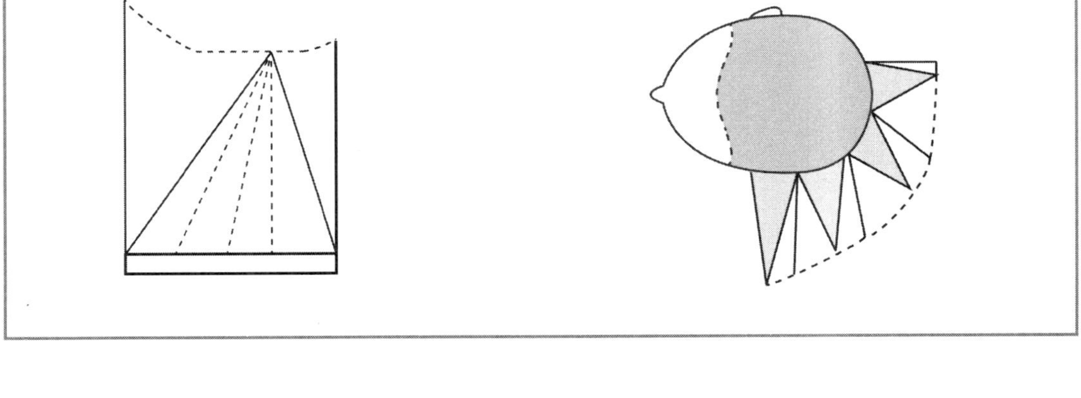

④ **트위스트(Twist base)** : 헤어스타일에 있어 긴 모발과 짧은 모발을 연결을 할 때, 베이스에서 베이스로 이동을 할 때 연결하는 베이스로 활용한다.

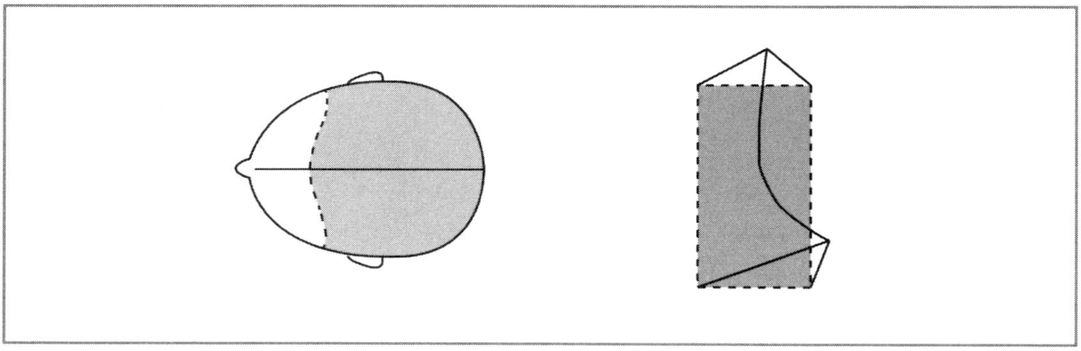

4 실습

<table>
<tr><td>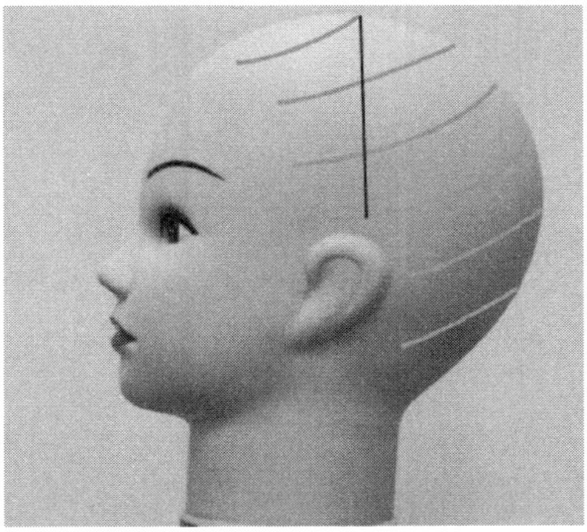</td><td></td></tr>
<tr><td>다이애거널섹션</td><td>[옆면 도해도를 그려보세요.]</td></tr>
</table>

<table>
<tr><td>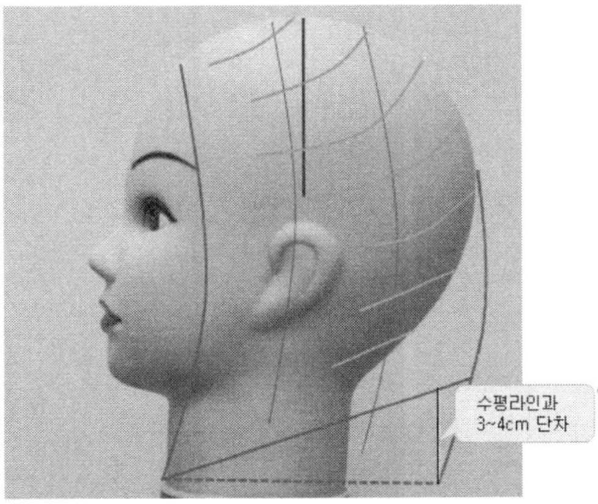
</td><td></td></tr>
<tr><td></td><td>[커트라인 도해도를 그려보세요.]</td></tr>
</table>

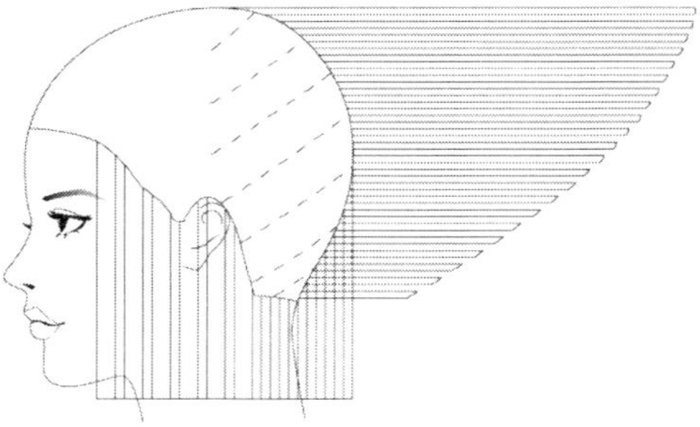	
	[도해도를 그려보세요.]

	[이곳에 실습 사진을 붙이세요.]
센터파트	[옆면 도해도를 그려보세요.]

	[이곳에 실습 사진을 붙이세요.]
4등분	

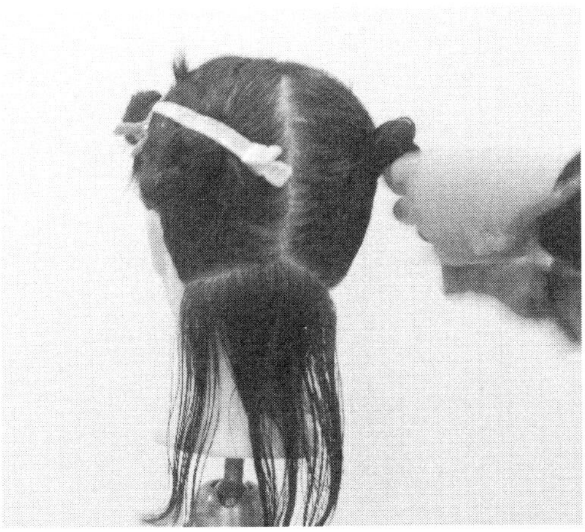	[이곳에 실습 사진을 붙이세요.]
전대각섹션	**[옆면 도해도를 그려보세요.]**

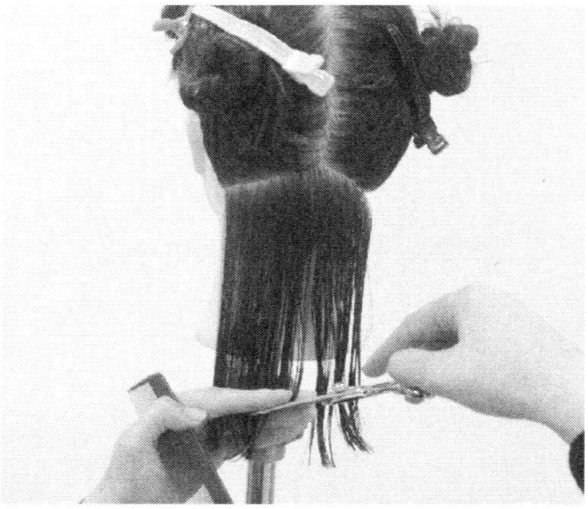	[이곳에 실습 사진을 붙이세요.]
섹션과 동일하게 라인선을 만든다.	

	[이곳에 실습 사진을 붙이세요.]
	[옆면 도해도를 그려보세요.]

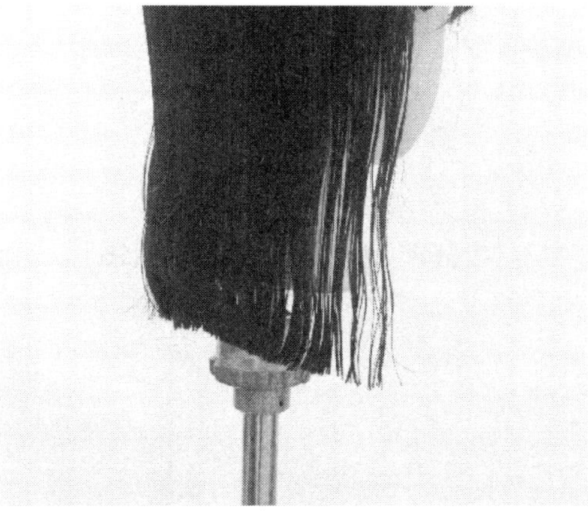	[이곳에 실습 사진을 붙이세요.]
전대각 섹션과 동일한 라인선	

	[이곳에 실습 사진을 붙이세요.]
옆머리 커트선	**[옆면 도해도를 그려보세요.]**

	[이곳에 실습 사진을 붙이세요.]
앞머리 커트방법	

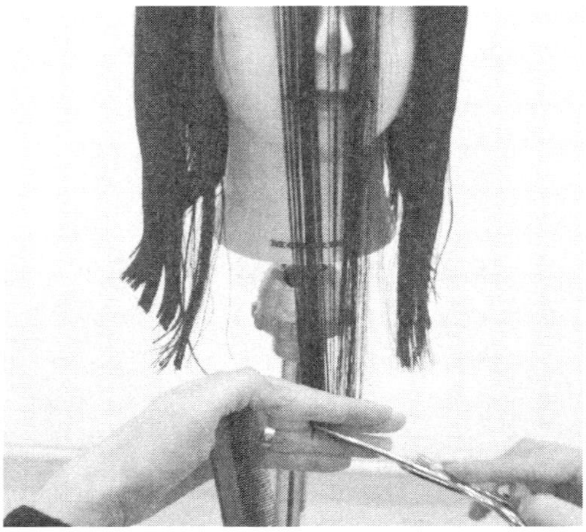	[이곳에 실습 사진을 붙이세요.]

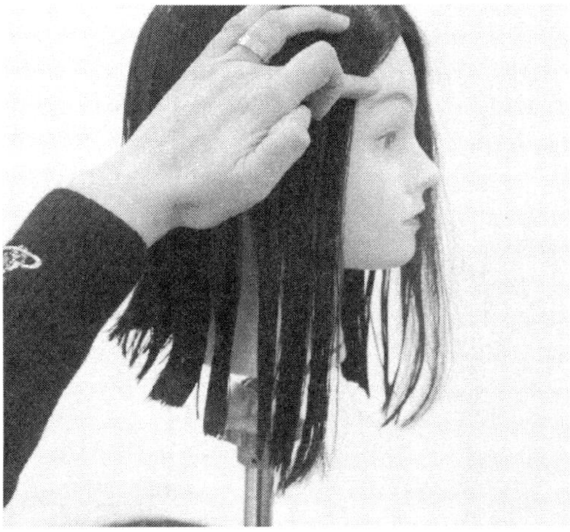	[이곳에 실습 사진을 붙이세요.]
앞머리 커트시 눈썹선을 지나게 빗기	

	[이곳에 실습 사진을 붙이세요.]
완성본	

	[이곳에 실습 사진을 붙이세요.]
완성된 앞모습	

	[이곳에 실습 사진을 붙이세요.]
마무리하기 스타일 중	**완성된 실습 사진 붙이기**

7주차

스파니엘 커트 2

❶ 학습모듈 개요

① 윗머리가 자연스럽게 밑으로 떨어져 층이 발생하지 않는다.

② 뒷부분은 짧고 앞으로 가면서 점점 길어져 외곽선에서만 단차가 발생하는 스타일이다.

❷ 학습목표

① 일반 헤어커트용 가위인 블런트 가위를 정확하게 사용할 수 있다.

② 정확하고 올바른 자세로 커트할 수 있다.

③ 스파니엘 커트를 위하여 블로킹과 슬라이스 시술각도를 조절할 수 있다.

③ 스파니엘 커트(Spaniel Cut) 시술 준비

파트(Part)	센터파트(Center Part)
블로킹(Blocking)	4등분
앞뒤단차	4 ~ 5cm
슬라이스(Slice) 폭	1 ~ 2cm
시술각(Projection)	0°(자연시술각)
섹션(Section)	전대각(Concave)
베이스(Base)	–
분배(Distribution)	자연분배
고정 가이드라인 (Stationary Guide Line)	네이프 라인(Nape Line)에서 10cm

④ 실습

① 6주차 보다 앞뒤단차를 약 1cm 짧게 앞뒤 3 ~ 4cm의 스파니엘 디자인하기
② 시술 준비에 맞게 커트 준비하기
③ 시술 준비에 맞게 기본 헤어커트 시술하기
④ 시술 준비에 맞은 기본 헤어커트 마무리하기

[정면 도해도를 그려보세요.]	[측면 도해도를 그려보세요.]

[전체길이 도해도를 그려보세요.]

[BEFORE]	[이곳에 실습 사진을 붙이세요.]
[BEFORE]	**[측면 도해도를 그려보세요.]**

[4등분 블로킹 사진]	[이곳에 실습 사진을 붙이세요.]
[4등분 블로킹 사진]	

[네이프 커트 모습]	[이곳에 실습 사진을 붙이세요.]
[네이프 커트 모습]	

[백 포인트 커트모습]	[이곳에 실습 사진을 붙이세요.]
[백 포인트 커트모습]	

[옆모습]	[이곳에 실습 사진을 붙이세요.]
[옆모습]	

[앞모습]	[이곳에 실습 사진을 붙이세요.]
[앞모습]	

[이곳에 실습 사진을 붙이세요.]	[이곳에 실습 사진을 붙이세요.]

[이곳에 실습 사진을 붙이세요.]	[이곳에 실습 사진을 붙이세요.]

	[이곳에 실습 사진을 붙이세요.]

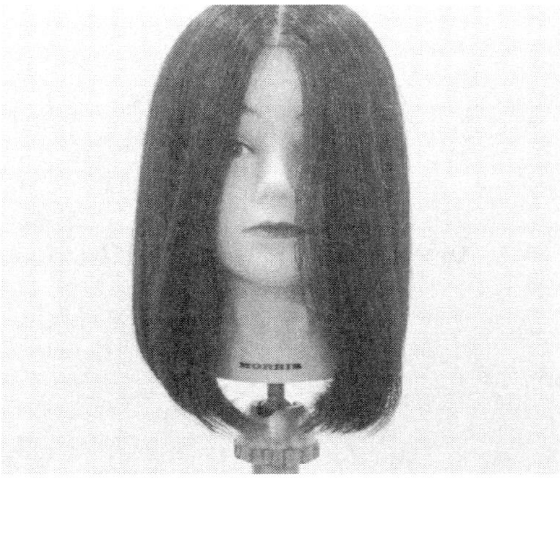	[이곳에 실습 사진을 붙이세요.]
[완성된 앞모습]	**[완성된 뒷모습]**

교수·학습 방법

1 교수 방법

① 헤어커트용 가위인 블런트 가위 사용법을 정확하게 설명한다.
② 정확하고 올바른 커트자세를 설명한다.
③ 헤어커트를 위한 블로킹을 설명한다.
④ 헤어커트를 위한 슬라이스를 설명한다.
⑤ 헤어커트를 위한 시술각도를 설명한다.
⑥ 원랭스 커트인 패러렐 커트를 설명한다.

2 학습 방법

① 헤어커트용 가위인 블런트 가위 사용법을 정확하게 이해하고 사용할 수 있게 한다.
② 정확하고 올바른 커트자세를 취해 커트 연습 시 활용한다.
③ 헤어커트를 위한 블로킹 설명을 잘 이해하고 실습하여 커트 시 적용할 수 있게 한다.
④ 헤어커트를 위한 슬라이스 설명을 잘 이해하고 실습하여 커트 시 적용할 수 있게 한다.
⑤ 헤어커트를 위한 시술각도 설명을 잘 이해하고 실습하여 커트 시 적용할 수 있게 한다.
⑥ 스파니엘 커트를 할 수 있다.

학습정리

1. 헤어커트용 가위인 블런트 가위 사용법과 빗질 사용법을 능숙하게 사용할 수 있도록 연습한다.
2. 언더, 미들, 오버 부분의 정확하고 올바른 커트자세를 취할 수 있다.
3. 2블로킹, 3블로킹, 4블로킹 등 디자인에 따른 블로킹을 나뉠 수 있다.
4. 슬라이스, 섹션의 종류에 따른 시술을 정확하게 할 수 있다.
5. 두피와 시술각도를 정확하게 이해하여 커트 시 적용한다.
6. 원랭스 커트 중 스파니엘 커트를 할 수 있다.

수행평가(지필평가)

번호	항 목	평가
1	베이스의 종류에 대해 작성하시오.	
2	스파니엘 커트의 시술 준비에 대해 표로 작성하시오.	

수행평가(체크리스트)

번호	항 목	우수	보통	미흡
1	헤어커트용 가위인 블런트 가위를 정확하게 사용할 수 있다.	③	②	①
2	정확하고 올바른 자세로 커트할 수 있다.	③	②	①
3	기본 헤어커트를 위해 블로킹을 할 수 있다.	③	②	①
4	기본 헤어커트를 위해 슬라이스를 할 수 있다.	③	②	①
5	기본 헤어커트를 위해 시술각도를 조절할 수 있다.	③	②	①
6	원랭스, 커트의 종류을 알고 스파니엘 커트를 할 수 있다.	③	②	①

피드백

1. 헤어커트용가위인 블런트 커트를 정확히 사용
2. 정확하고 올바른 자세로 커트할 수 있음
3. 파팅에 대한 시술 확인
4. 슬라이스와 시술각도에 대한 시술 확인
5. 원랭스 커트에 대한 확인

8주차

직무평가

평가기준

번호	항 목	우수	보통	미흡
1	고객에게 어깨보, 커트보, 가운 등을 착용해 줄 수 있다.	③	②	①
2	헤어커트 유형에 따라 모발의 수분 함량을 조절할 수 있다.	③	②	①
3	일반 헤어커트용 가위인 블런트 가위를 정확하게 사용할 수 있다.	③	②	①
4	정확하고 올바른 자세로 커트할 수 있다.	③	②	①
5	기본 헤어커트를 위해 블로킹을 할 수 있다.	③	②	①
6	기본 헤어커트를 위해 슬라이스를 할 수 있다.	③	②	①
7	기본 헤어커트를 위해 시술각도를 조절할 수 있다.	③	②	①
8	원랭스, 그레쥬에이션, 레이어 유형을 커트할 수 있다.	③	②	①

직무능력평가서[1차]

담당교수	유세은	교과목명	기초헤어실습
학 번		능력단위명 (능력단위코드)	기본 헤어커트 (1201010105-14v2)
이 름			
평가일자			

영역 (능력단위요소)	평가내용(수행준거)	평가구분		판정	
		과정 평가	결과 평가	Y	N
기본 헤어커트 준비하기 (1201010105-14v2.1)	1.1 고객에게 어깨보, 커트보, 가운 등을 착용해 줄 수 있다.				
	1.2 헤어커트 유형에 따라 모발의 수분 함량을 조절할 수 있다.				
기본 헤어커트 시술하기 (1201010105-14v2.2)	2.1 일반 헤어커트용 가위인 블런트 가위를 정확하게 사용할 수 있다.				
	2.2 정확하고 올바른 자세로 커트할 수 있다.				
	2.3 기본 헤어커트를 위해 블로킹을 할 수 있다.				
	2.4 기본 헤어커트를 위해 슬라이스를 할 수 있다.				
	2.5 기본 헤어커트를 위해 시술각도를 조절할 수 있다.				
	2.6 원랭스, 그레쥬에이션, 레이어 유형을 커트할 수 있다.				

영역 (능력단위요소)	평가내용(수행준거)	평가구분		판정	
		과정 평가	결과 평가	Y	N
기본 헤어커트 마무리하기 (1201010105-14v2)	3.1 고객의 얼굴과 목 등에 묻은 잔여 머리카락을 제거할 수 있다.				
	3.2 사용한 헤어커트 도구와 시술한 주변을 즉시 정리·정돈할 수 있다.				
	3.3 시술 후 고객 만족도를 파악하여 필요한 경우 수정·보완하는 헤어커트를 할 수 있다.				
	3.4 헤어커트 유형에 적합한 도구와 기법으로 헤어스타일을 마무리할 수 있다.				
소계	%			점	

영역 (능력단위요소)	평가내용(K/S/A/T 포함 자율평가)	평가점수
기본 헤어커트 준비하기		
기본 헤어커트 시술하기		
기본 헤어커트 마무리하기		
합 계	%	점

피드백

1. 커트용 가위와 빗 사용법에 대한 확인
2. 언더, 미들, 오버부분의 커트 자세 확인
3. 파팅에 대한 시술 확인
4. 슬라이스에 대한 시술 확인
5. 시술각도에 대한 확인
6. 원랭스, 스파니엘 커트 확인

9주차

이사도라 커트

1 학습모듈 개요

① 윗머리가 자연스럽게 밑으로 떨어져 층이 발생하지 않는다.
② 뒷부분은 길고 앞으로 가면서 점점 짧아져 외곽선에서만 단차가 발생하는 스타일이다.

2 학습목표

① 일반 헤어커트용 가위인 블런트 가위를 정확하게 사용할 수 있다.
② 정확하고 올바른 자세로 커트할 수 있다.
③ 이사도라를 위하여 블로킹과 슬라이스 시술각도를 조절할 수 있다.

③ 이사도라 커트 시술 준비

파트(Part)	센터파트(Center Part)
블로킹(Blocking)	4등분
앞뒤단차	4 ~ 5cm
슬라이스(Slice) 폭	1 ~ 2cm
시술각(Projection)	0°(자연시술각)
섹션(Section)	후대각(Converx)
베이스(Base)	–
분배(Distribution)	자연분배
고정 가이드라인 (Stationary Guide Line)	네이프 라인(Nape Line)에서 10cm

❹ 실습

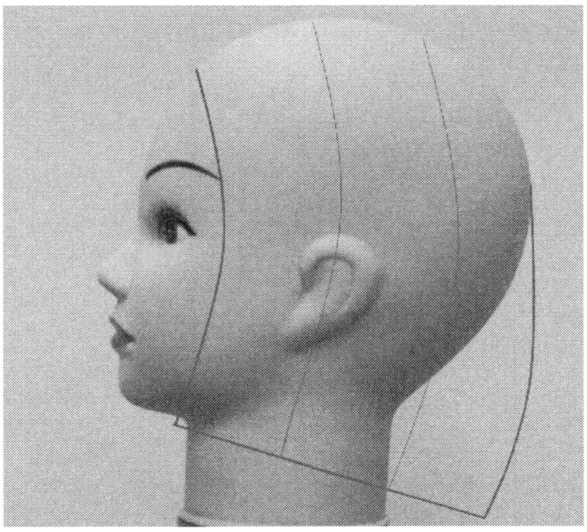	
	[옆면 도해도를 그려보세요.]

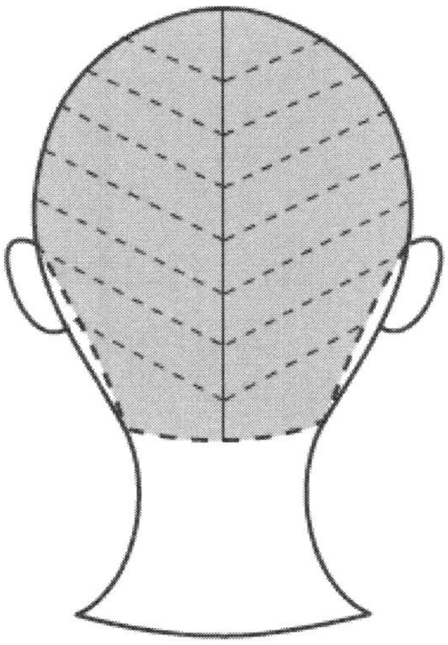	
컨벡스	[커트라인 도해도를 그려보세요.]

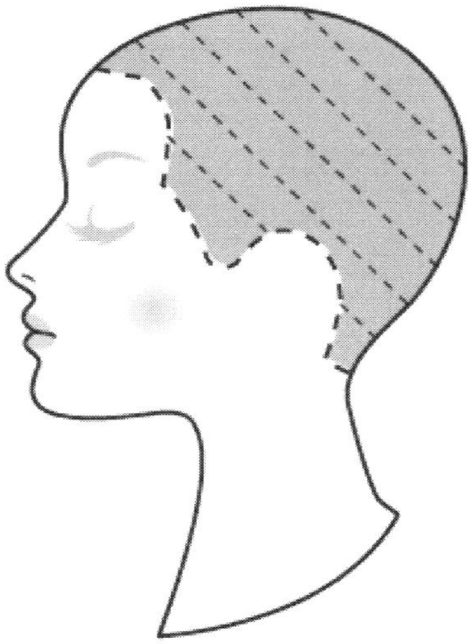	
후대각섹션	[도해도를 그려보세요.]

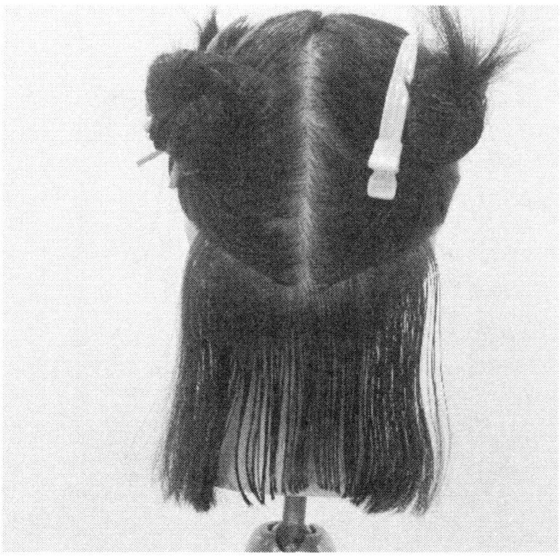	[이곳에 실습 사진을 붙이세요.]
4등분 블로킹	

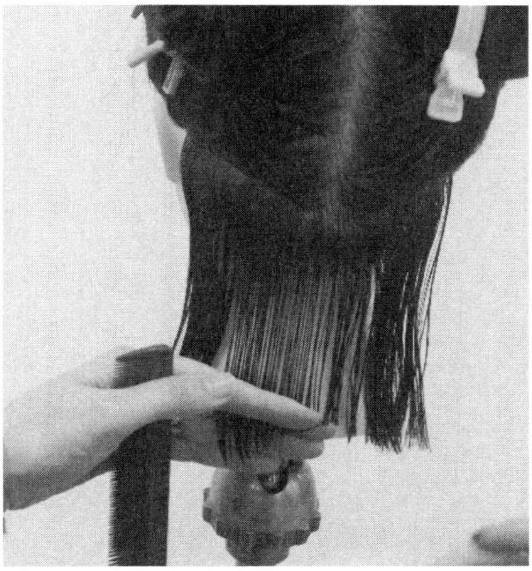	[이곳에 실습 사진을 붙이세요.]
슬라이스 선과 평행하게 손위치 잡기	

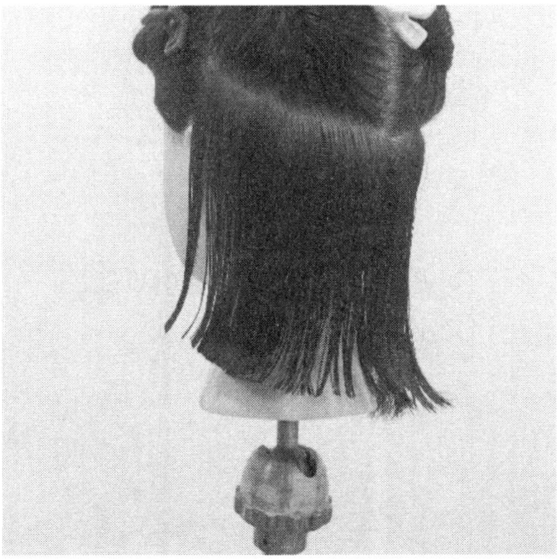	[이곳에 실습 사진을 붙이세요.]

	[이곳에 실습 사진을 붙이세요.]
슬라이스 선과 일치하는 라인구성	

	[이곳에 실습 사진을 붙이세요.]
완성된 뒷모습	

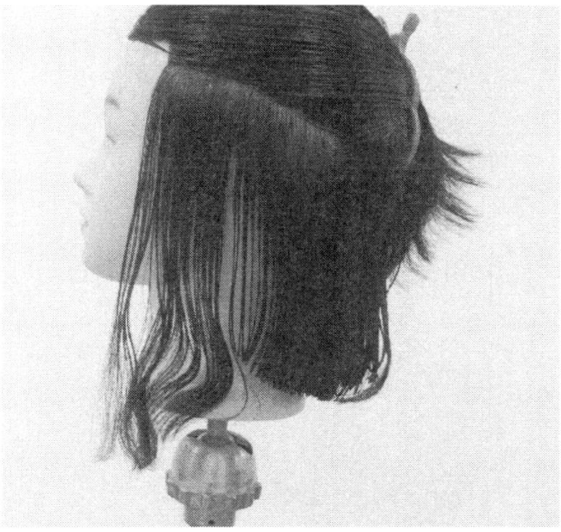	[이곳에 실습 사진을 붙이세요.]
옆 섹션	

	[이곳에 실습 사진을 붙이세요.]

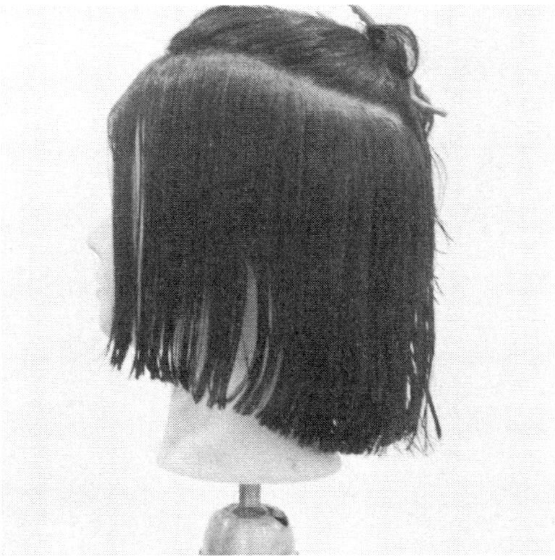	[이곳에 실습 사진을 붙이세요.]
섹션과 라인	

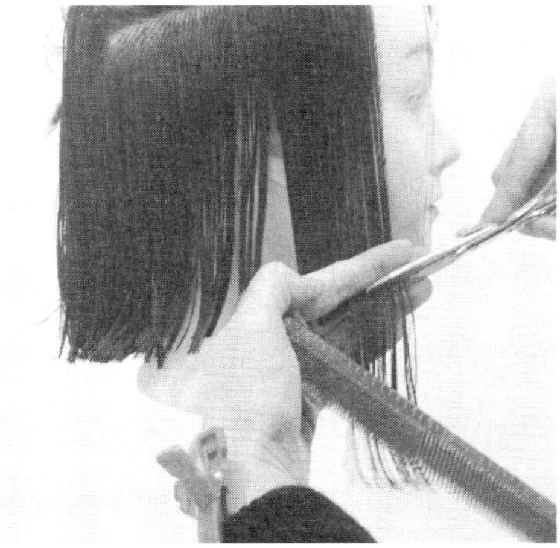	[이곳에 실습 사진을 붙이세요.]
옆머리를 손으로 너무 잡아당기지 않기	

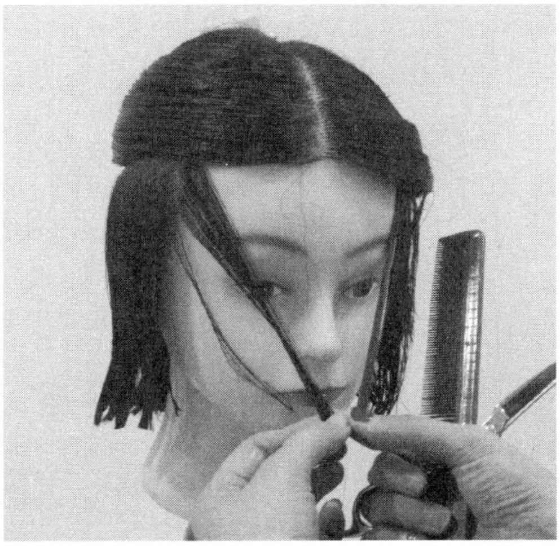	[이곳에 실습 사진을 붙이세요.]
양쪽 길이를 대칭으로 하기	

	[이곳에 실습 사진을 붙이세요.]
앞머리 커트	

	[이곳에 실습 사진을 붙이세요.]

	[이곳에 실습 사진을 붙이세요.]
	완성된 사진

10주차 머쉬룸 커트

1 학습모듈 개요

① 버섯을 엎어놓은 것 같은 두발형태의 윤곽으로 짧은 솔리드형 스타일이다.
② 버섯 갓의 모양처럼 머리끝이 안쪽으로 말려 들어간 것이 스타일의 특징이다.

2 학습목표

① 일반 헤어커트용 가위인 블런트 가위를 정확하게 사용할 수 있다.
② 정확하고 올바른 자세로 커트할 수 있다.
③ 머쉬룸 커트를 위하여 블로킹과 슬라이스 시술각도를 조절할 수 있다.

3 머쉬룸 커트 시술 준비

파트(Part)	노 파트(No Part)
블로킹(Blocking)	2등분
앞뒤단차	앞뒤단차 10cm 발생
슬라이스(Slice) 폭	2 ~ 3cm
시술각(Projection)	0°(자연시술각)
섹션(Section)	후대각(Convex)
베이스(Base)	–
분배(Distribution)	자연분배
고정 가이드라인 (Stationary Guide Line)	• 센터포인트(C.P) 10cm • 네이프 라인(Nape Line) 3cm • 사이드라인(Side Line) 8cm를 연결하는 라인

❹ 실습

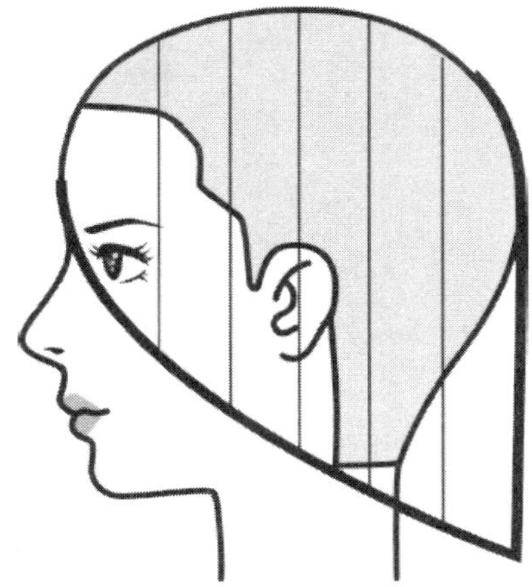	
	[뒷면 브로킹 모양을 그려보세요.]

	[머쉬룸 이미지를 찾아서 붙이세요.]
www.stylepinner.com	[커트라인 도해도를 그려보세요.]

www.lasthairmedels.com	

www.aliexpress.com	

[이곳에 실습 사진을 붙이세요.]	[이곳에 실습 사진을 붙이세요.]

[이곳에 실습 사진을 붙이세요.]	[이곳에 실습 사진을 붙이세요.]

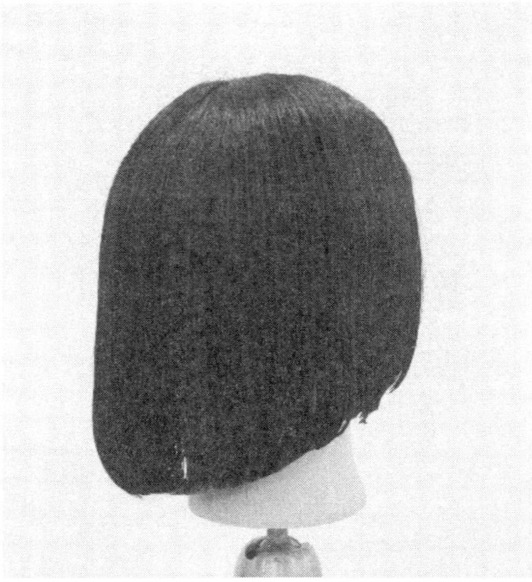	[이곳에 실습 사진을 붙이세요.]

	[이곳에 실습 사진을 붙이세요.]

교수·학습 방법

1 교수 방법

① 헤어커트용 가위인 블런트 가위 사용법을 정확하게 설명한다.
② 정확하고 올바른 커트자세를 설명한다.
③ 헤어커트를 위한 블로킹을 설명한다.
④ 헤어커트를 위한 슬라이스를 설명한다.
⑤ 헤어커트를 위한 시술각도를 설명한다.
⑥ 원랭스 커트인 패러렐 커트를 설명한다.

2 학습 방법

① 헤어커트용 가위인 블런트 가위 사용법을 정확하게 이해하고 사용할 수 있게 한다.
② 정확하고 올바른 커트자세를 취해 커트 연습 시 활용한다.
③ 헤어커트를 위한 블로킹 설명을 잘 이해하고 실습하여 커트 시 적용할 수 있게 한다.
④ 헤어커트를 위한 슬라이스 설명을 잘 이해하고 실습하여 커트 시 적용할 수 있게 한다.
⑤ 헤어커트를 위한 시술각도 설명을 잘 이해하고 실습하여 커트 시 적용할 수 있게 한다.
⑥ 스파니엘 커트를 할 수 있다.

학습정리

1. 헤어커트용 가위인 블런트 가위 사용법과 빗질 사용법을 능숙하게 사용할 수 있도록 연습한다.
2. 언더, 미들, 오버 부분의 정확하고 올바른 커트자세를 취할 수 있다.
3. 2블로킹, 3블로킹, 4블로킹 등 디자인에 따른 블로킹을 나눌 수 있다.
4. 슬라이스, 섹션의 종류에 따른 시술을 정확하게 할 수 있다.
5. 두피와 시술각도를 정확하게 이해하여 커트 시 적용한다.
6. 원랭스 커트 중 스파니엘 커트를 할 수 있다.

수행평가(체크리스트)

번호	항 목	우수	보통	미흡
1	헤어커트용 가위인 블런트 가위를 정확하게 사용할 수 있다.	③	②	①
2	정확하고 올바른 자세로 커트할 수 있다.	③	②	①
3	기본 헤어커트를 위해 블로킹을 할 수 있다.	③	②	①
4	기본 헤어커트를 위해 슬라이스를 할 수 있다.	③	②	①
5	기본 헤어커트를 위해 시술각도를 조절할 수 있다.	③	②	①
6	머쉬룸 커트를 할 수 있다.	③	②	①

피드백

1. 헤어커트용가위인 블런트 커트를 정확히 사용
2. 정확하고 올바른 자세로 커트할 수 있음
3. 파팅에 대한 시술 확인
4. 슬라이스와 시술각도에 대한 시술 확인
5. 머쉬룸 커트에 대한 확인

11주차

그레쥬에이션 커트 1

1 학습모듈 개요

① 두발흐름에 단차(층)와 볼륨(volume)이 함께 보이는 스타일이다.
② 두발 길이의 진행이 위쪽으로 갈수록 점점 길어진다.

2 학습목표

① 일반 헤어커트용 가위인 블런트 가위를 정확하게 사용할 수 있다.
② 정확하고 올바른 자세로 커트할 수 있다.
③ 그레쥬에이션 커트를 위하여 블로킹과 슬라이스 시술각도를 조절할 수 있다.

3 그레쥬에이션의 종류

1) 로우 그레쥬에이션(Low Graduation) – 낮은 시술각

① 1 ~ 29° 의 자연시술각을 적용한다.
② 1 ~ 3cm 정도의 단차(층)을 좁게 하고 싶을 때 사용한다.

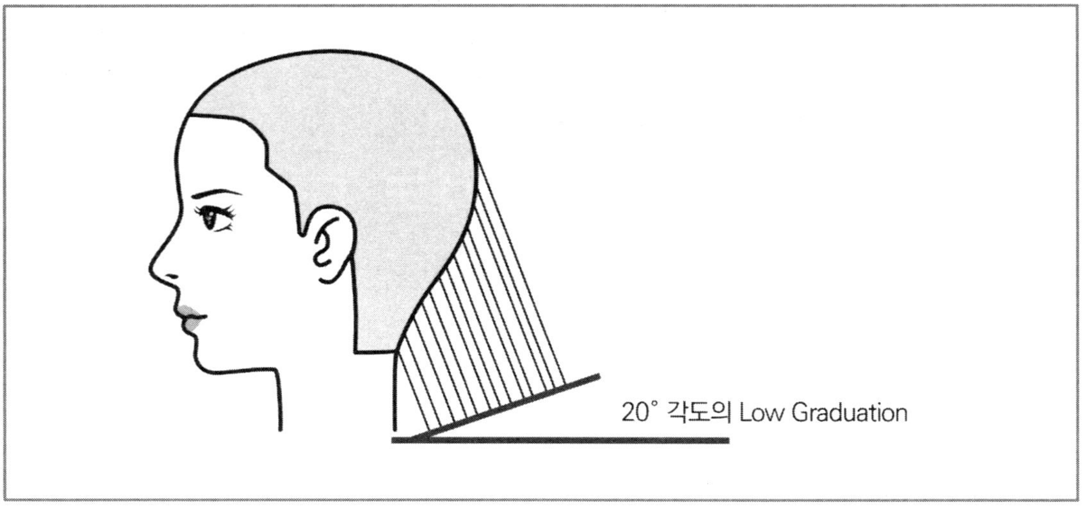

[그림 11-1 ➤ 로우 그레쥬에이션(Low Graduation) - 낮은 시술각]

2) 미디움 그레쥬에이션(Medium Graduation) – 중간 시술각

① 30 ~ 59°의 자연시술각을 적용한다.
② 3 ~ 6cm 정도의 단차(층)을 중간정도로 하고 싶을 때 사용한다.

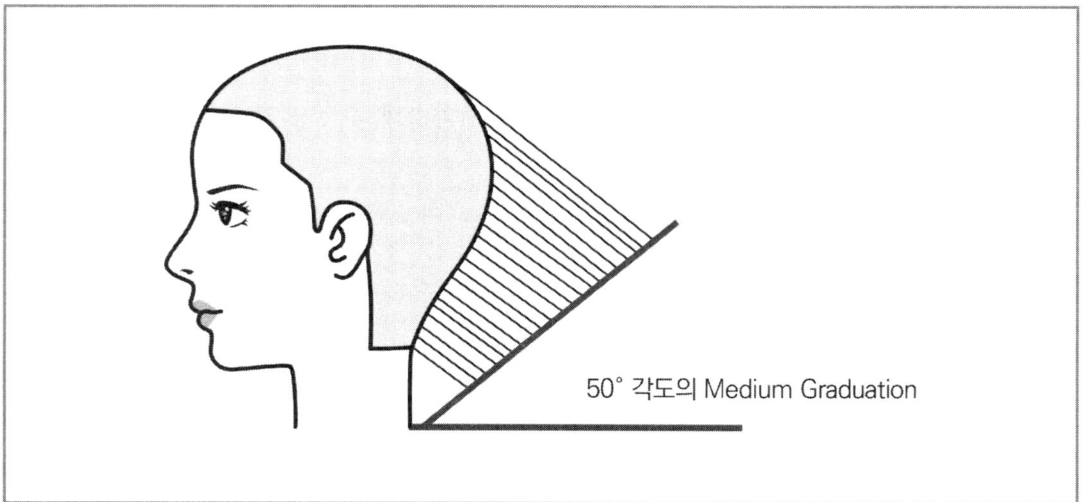

[그림 11-2 ➤ 미디움 그레쥬에이션(Medium Graduation) - 중간 시술각]

3) 하이 그레쥬에이션(High Graduation) – 높은 시술각

① 60 ~ 89° 의 자연시술각을 적용한다.

② 6 ~ 9cm 정도의 단차(층)을 높게 하고 싶을 때 사용한다.

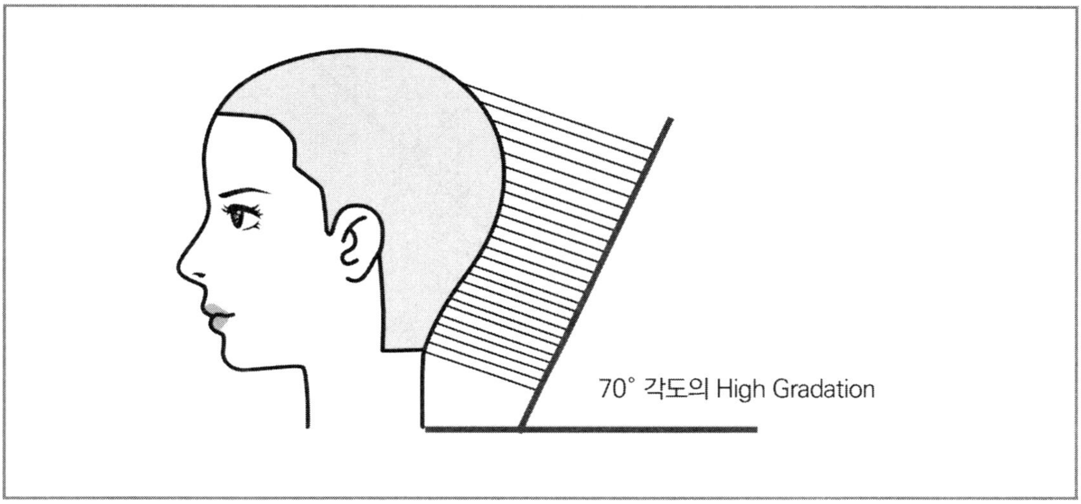

[그림 11-3 ➤ 하이 그레쥬에이션(High Graduation) – 높은 시술각]

④ 실습

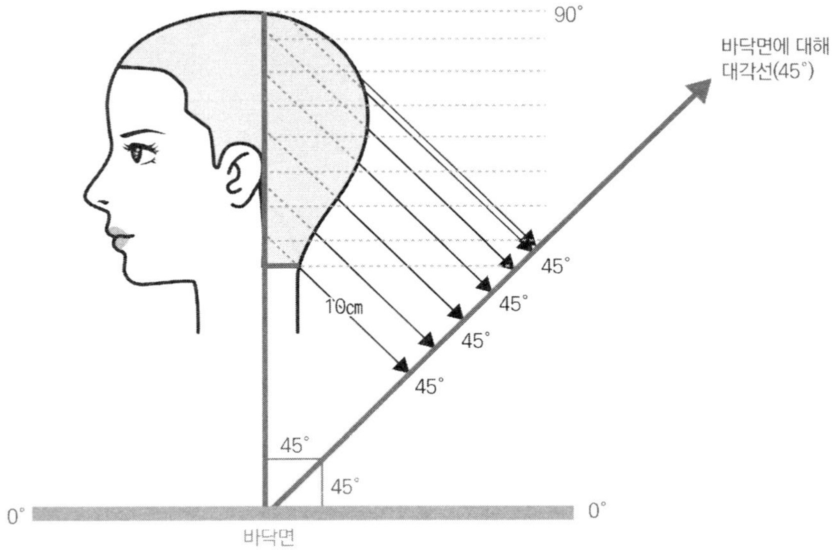

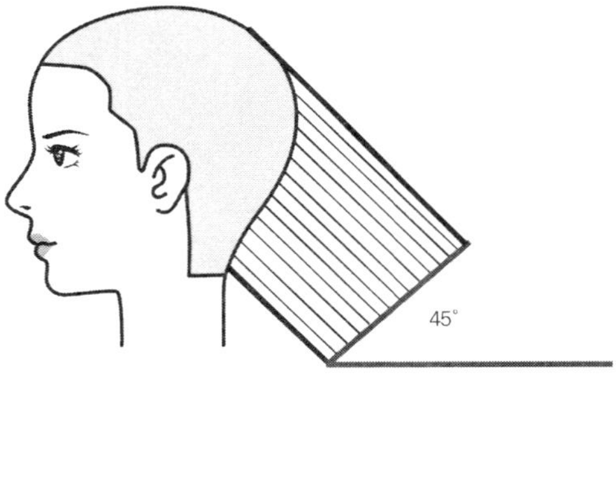

[커트라인 도해도를 그려보세요.]

<table>
<tr><td>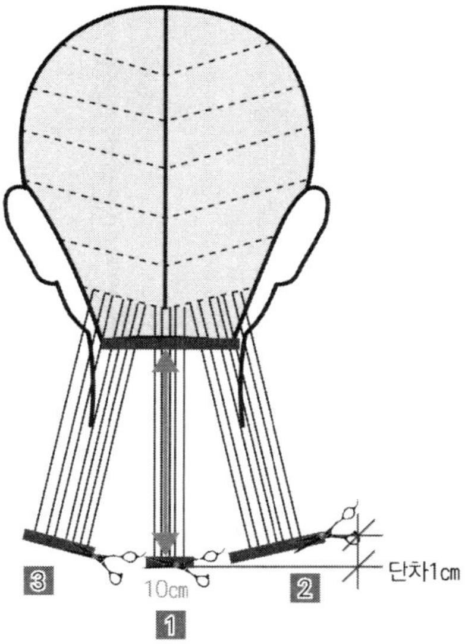
</td><td></td></tr>
<tr><td></td><td>[도해도를 그려보세요.]</td></tr>
</table>

<table>
<tr><td>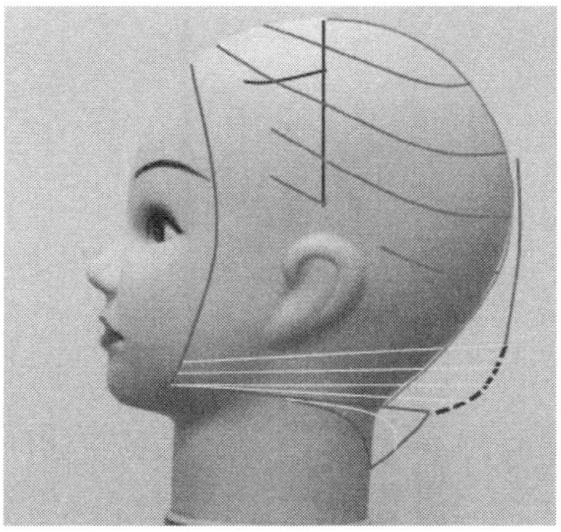</td><td>[이곳에 실습 사진을 붙이세요.]</td></tr>
<tr><td></td><td></td></tr>
</table>

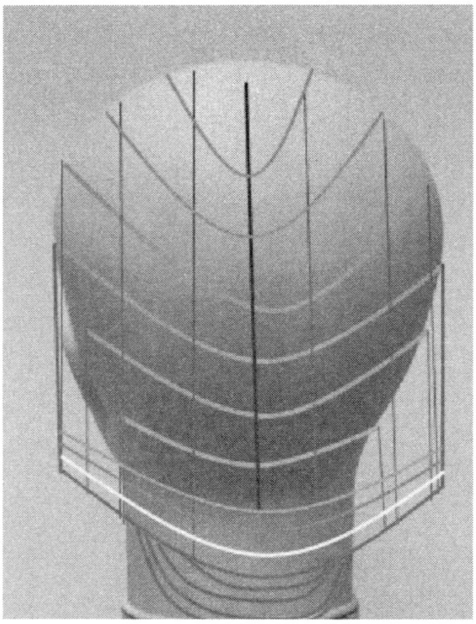	[이곳에 실습 사진을 붙이세요.]

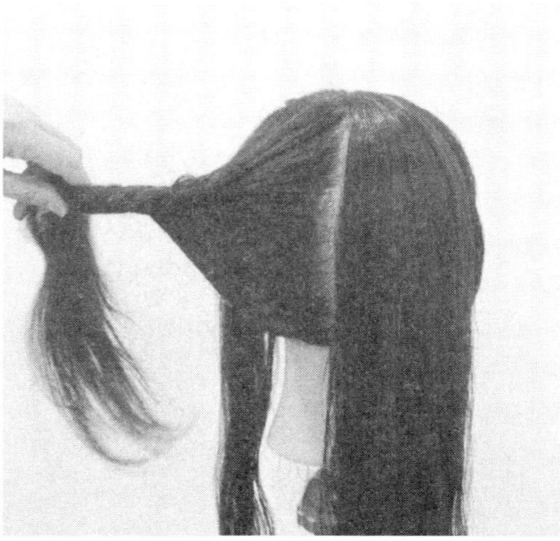	[이곳에 실습 사진을 붙이세요.]

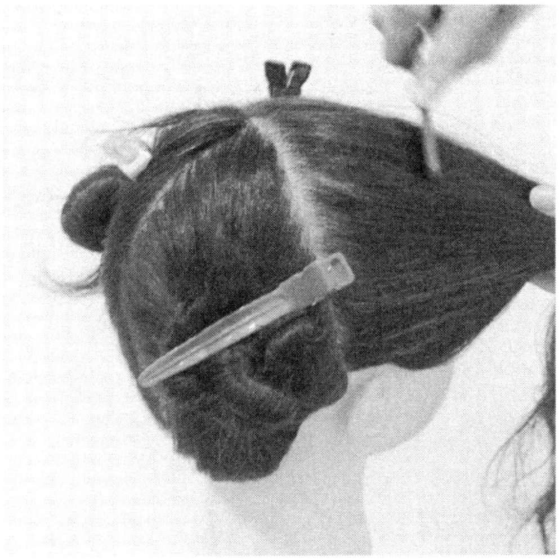	[이곳에 실습 사진을 붙이세요.]
5등분 블로킹	

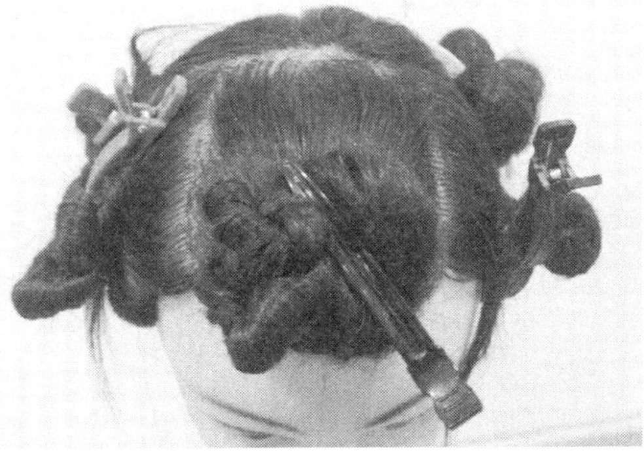	[이곳에 실습 사진을 붙이세요.]

[이곳에 실습 사진을 붙이세요.]

전대각 섹션

[이곳에 실습 사진을 붙이세요.]

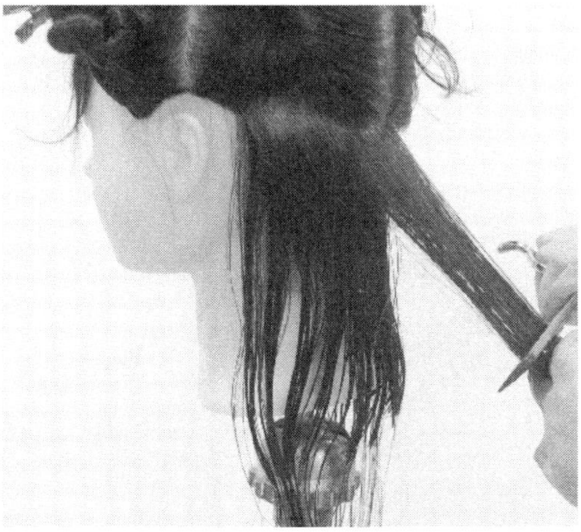	[이곳에 실습 사진을 붙이세요.]
45° 각으로 커트하기	

	[이곳에 실습 사진을 붙이세요.]
45° 각으로 커트하기	

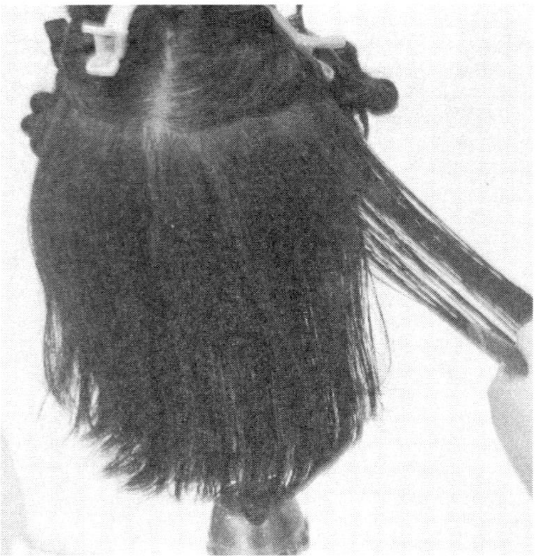	[이곳에 실습 사진을 붙이세요.]

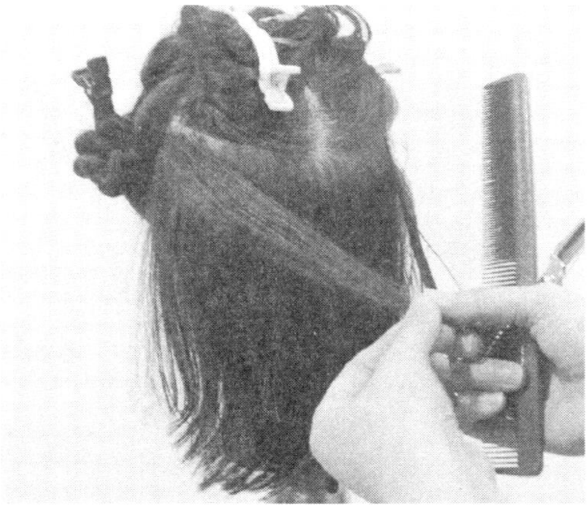	[이곳에 실습 사진을 붙이세요.]
양쪽 길이를 대칭으로 맞추기	

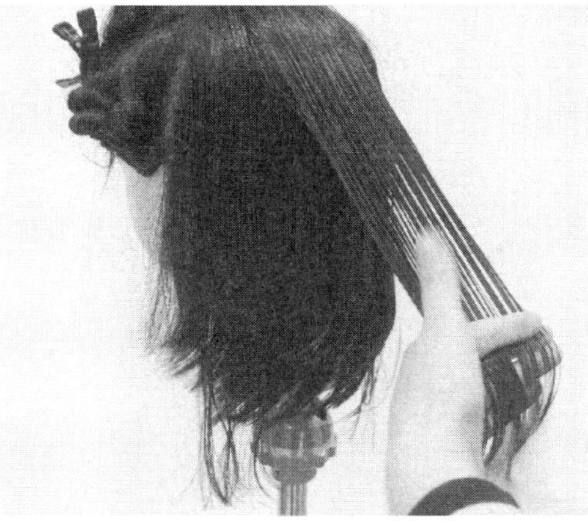	[이곳에 실습 사진을 붙이세요.]
낮은 시술각으로 커트하기	

	[이곳에 실습 사진을 붙이세요.]

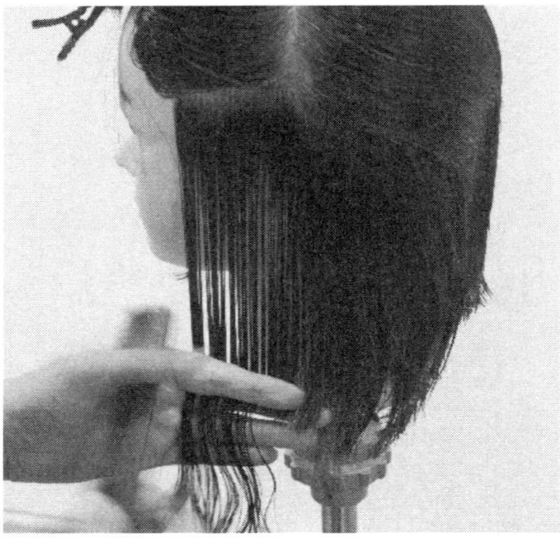	[이곳에 실습 사진을 붙이세요.]
사이드는 첫 단은 낮은 시술각 하기	

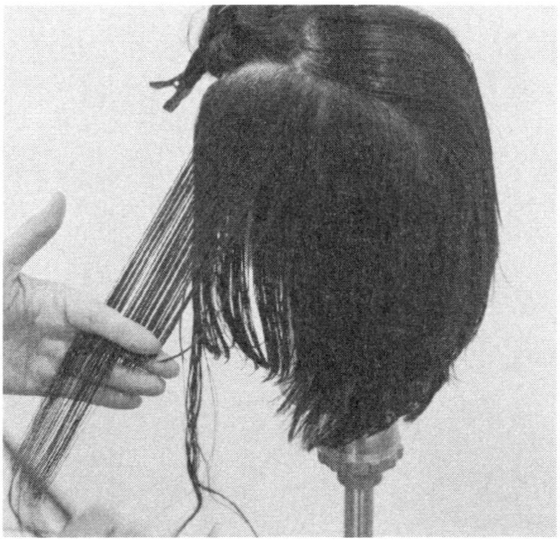	[이곳에 실습 사진을 붙이세요.]
각도 유지하기	

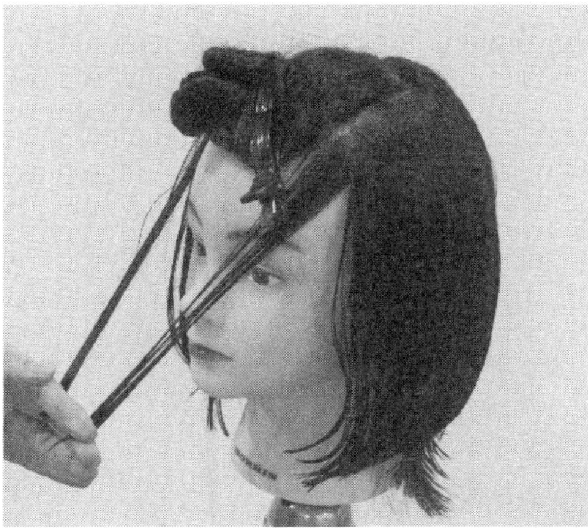	[이곳에 실습 사진을 붙이세요.]
앞머리 템플 지역을 대칭	

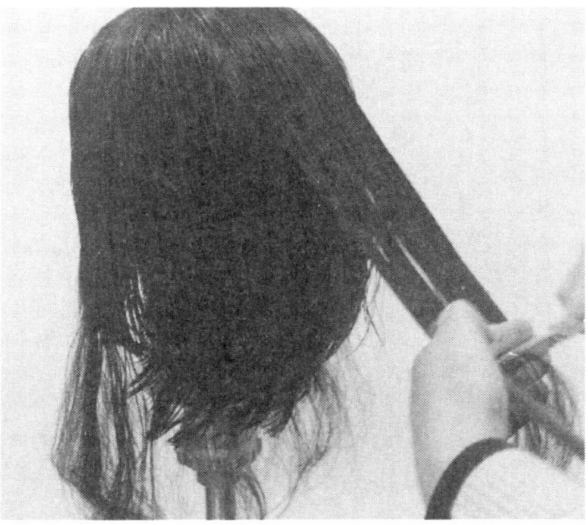	[이곳에 실습 사진을 붙이세요.]
앞 프런트머리를 내려 가이드에 맞추기	

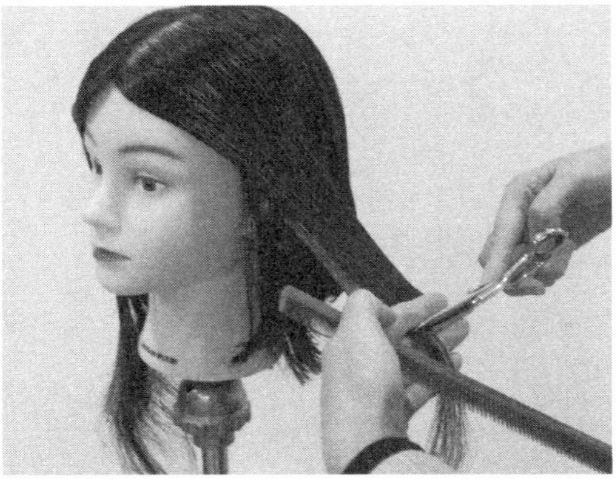	[이곳에 실습 사진을 붙이세요.]
앞머리 눈썹 위로하기	

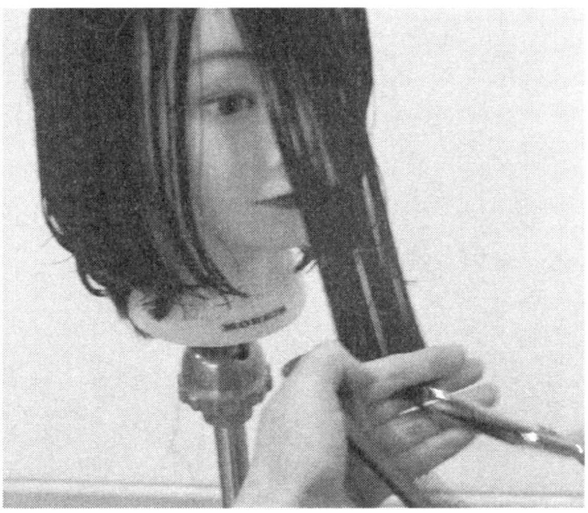	[이곳에 실습 사진을 붙이세요.]
	[옆면 도해도를 그려보세요.]

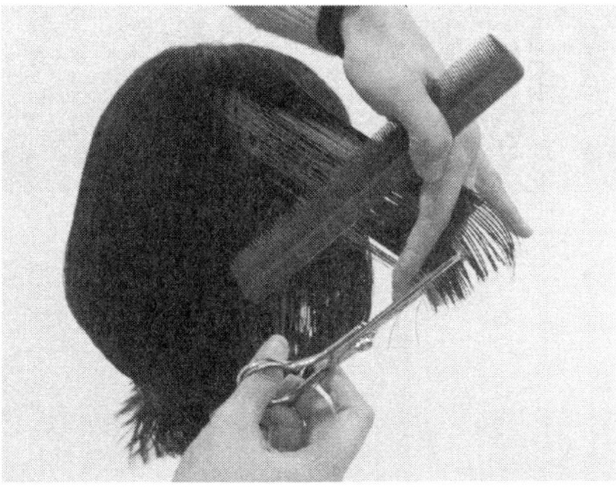	[이곳에 실습 사진을 붙이세요.]
끝 틴닝가위로 테이퍼링 하기	

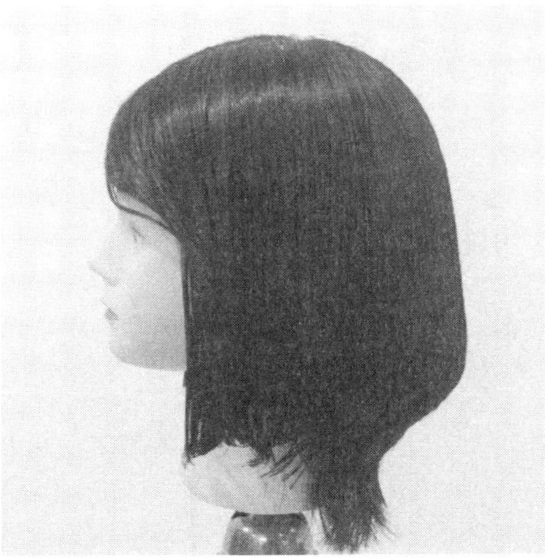	[이곳에 실습 사진을 붙이세요.]
완성	

12주차 그레쥬에이션 커트 2

1 학습모듈 개요

① 전대각(Concave) 섹션으로 자연시술각 70°로 두발을 커트한다.
② 두정부(Crown) 중앙선 부위에 7 ~ 8cm(High Graduation) 단차(층)가 발생한다.
③ 두발 길이의 진행이 옆쪽으로 갈수록 단차가 없어지면서 두발의 길이가 길어진다.

2 학습목표

① 일반 헤어커트용 가위인 블런트 가위를 정확하게 사용할 수 있다.
② 정확하고 올바른 자세로 커트할 수 있다.
③ 그레쥬에이션 커트를 위하여 블로킹과 슬라이스 시술각도를 조절할 수 있다.

❸ 하이 그레쥬에이션 커트 시술 준비

파트(Part)	왼쪽 파트(Left Part)
블로킹(Blocking)	5등분
앞뒤단차	7cm
슬라이스(Slice) 폭	1 ~ 2cm
시술각(Projection)	70°(자연시술각)
섹션(Section)	전대각(Concave)
베이스(Base)	사이드 베이스(Side Base)
분배(Distribution)	변이분배
고정 가이드라인 (Stationary Guide Line)	네이프 라인(Nape Line)에서 2 ~ 3cm

④ 실습

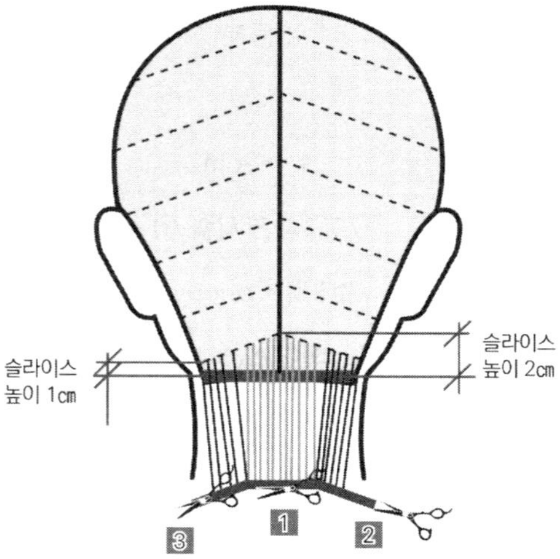 	
	[뒷면 브로킹 모양을 그려보세요.]

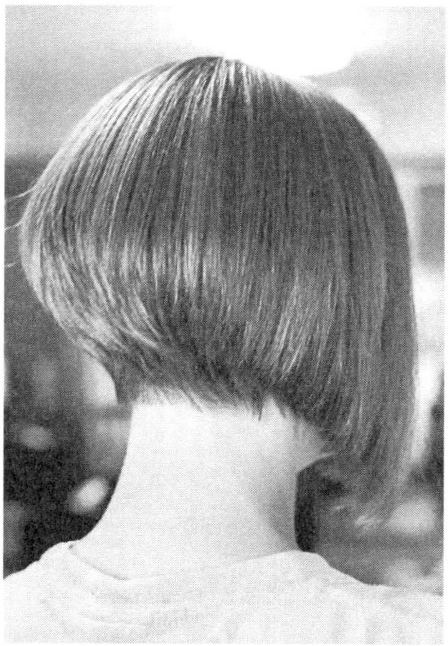	
www.youtube.com_Hair Makeover	

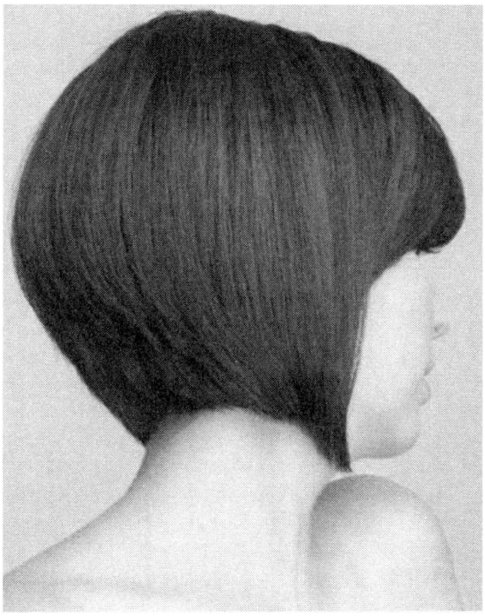

www.youtube.com_Hair Makeover

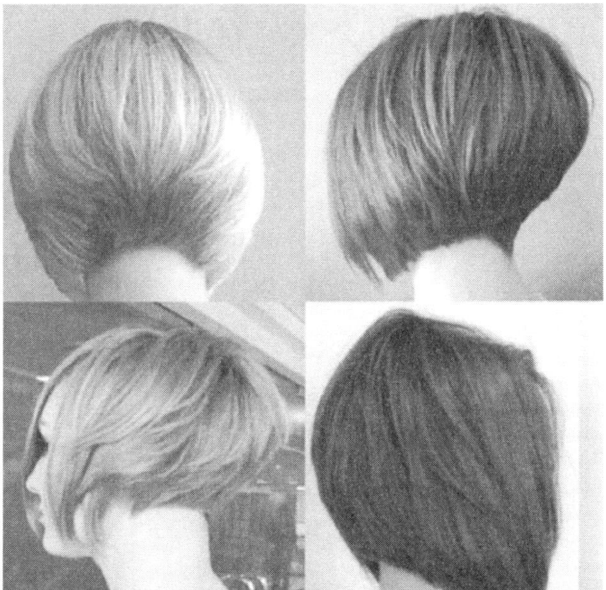

www.therighthairstyles.com

[이곳에 실습 사진을 붙이세요.]	[이곳에 실습 사진을 붙이세요.]

[이곳에 실습 사진을 붙이세요.]	[이곳에 실습 사진을 붙이세요.]

[이곳에 실습 사진을 붙이세요.]	[이곳에 실습 사진을 붙이세요.]

[이곳에 실습 사진을 붙이세요.]	[이곳에 실습 사진을 붙이세요.]

교수·학습 방법

1 교수 방법

① 정확하고 올바른 커트자세를 설명한다.
② 그레쥬에이션을 위한 블로킹을 설명한다.
③ 그레쥬에이션을 위한 슬라이스를 설명한다.
④ 그레쥬에이션을 위한 시술각도를 설명한다.
⑤ 그레쥬에이션의 커트를 설명한다.

2 학습 방법

① 정확하고 올바른 커트자세를 취해 커트 연습 시 활용한다.
② 그레쥬에이션을 위한 블로킹 설명을 잘 이해하고 실습하여 커트 시 적용할 수 있게 한다.
③ 그레쥬에이션을 위한 슬라이스 설명을 잘 이해하고 실습하여 커트 시 적용할 수 있게 한다.
④ 그레쥬에이션 커트를 위한 시술각도 설명을 잘 이해하고 실습하여 커트 시 적용할 수 있게 한다.
⑤ 그레쥬에이션 커트를 할 수 있다.

학습정리

1. 언더, 미들, 오버 부분의 정확하고 올바른 커트자세를 취할 수 있다.
2. 2블로킹, 3블로킹, 4블로킹 등 디자인에 따른 블로킹을 나뉠 수 있다.
3. 슬라이스, 섹션의 종류에 따른 시술을 정확하게 할 수 있다.
4. 그레쥬에이션 커트를 위한 두상과 시술각도를 정확하게 이해하여 커트 시 적용한다.
5. 그레쥬에이션 커트를 할 수 있다.

수행평가(체크리스트)

번호	항 목	우수	보통	미흡
1	헤어커트용 가위인 블런트 가위를 정확하게 사용할 수 있다.	③	②	①
2	정확하고 올바른 자세로 커트할 수 있다.	③	②	①
3	그레쥬에이션 커트를 위해 블로킹을 할 수 있다.	③	②	①
4	그레쥬에이션 커트를 위해 슬라이스를 할 수 있다.	③	②	①
5	그레쥬에이션 커트를 위해 시술각도를 조절할 수 있다.	③	②	①
6	그레쥬에이션 커트를 할 수 있다.	③	②	①

피드백

1. 헤어커트용 가위인 블런트 커트를 정확히 사용
2. 정확하고 올바른 자세로 커트할 수 있음
3. 파팅에 대한 시술 확인
4. 슬라이스와 시술각도에 대한 시술 확인
5. 그레쥬에이션 커트에 대한 확인

13주차
레이어 커트 1

1 학습모듈 개요

모발 표면에 층이 연속적으로 난다.

2 학습목표

① 일반 헤어커트용 가위인 블런트 가위를 정확하게 사용할 수 있다.
② 정확하고 올바른 자세로 커트할 수 있다.
③ 레이어 커트를 위하여 블로킹과 슬라이스 시술각도를 조절할 수 있다.

3 레이어의 종류

1) 스퀘어 레이어(Square Layer)

롱 레이어의 경쾌한 움직임을 주고 모발 끝이 뻗치는 느낌을 표현할 수 있다.

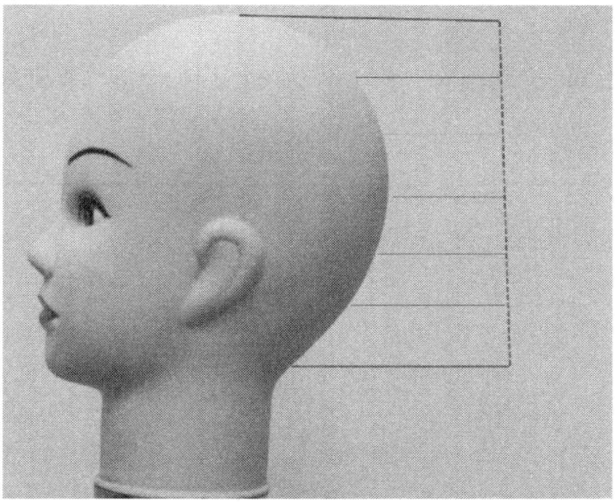

[그림 13-1 ➤ 스퀘어 레이어(Square Layer)]

2) 인크리스 레이어(Increase Layer)

자연스럽고 가벼워 층이 많이 보이는 처진 느낌이 나는 스타일이다.

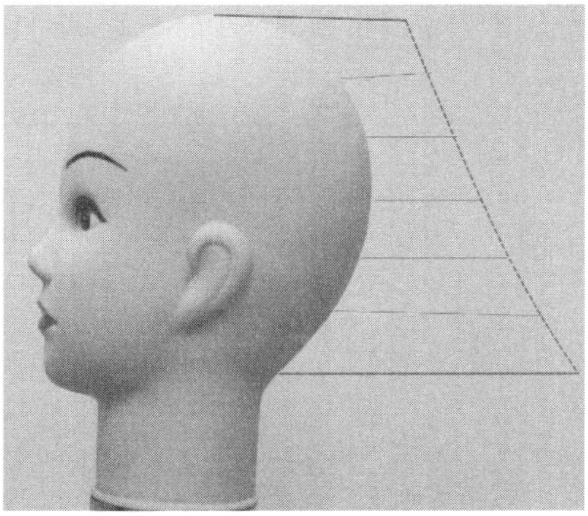

[그림 13-2 ➤ 인크리스 레이어(Increase Layer)]

3) 인 레이어(In Layer)

두발이 위로 갈수록 미세하게 조금씩 길어져서 층과 층이 연결되는 스타일이다.

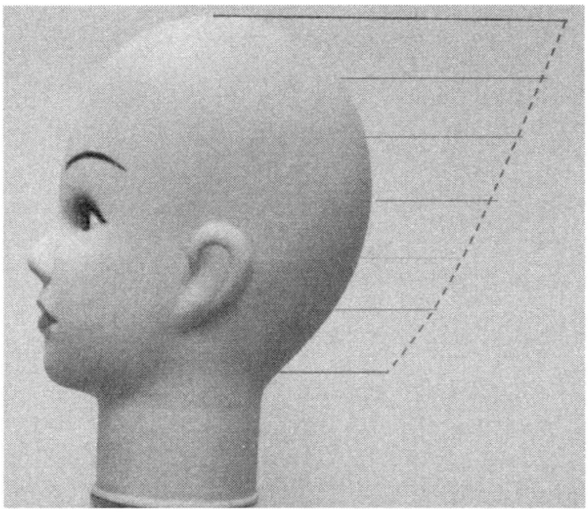

[그림 13-3 ➤ 인 레이어(In Layer)]

4) 유니폼 레이어(Uniform Layer)

두상으로부터 모든 두발의 길이가 동일하게 커트된 스타일이다.

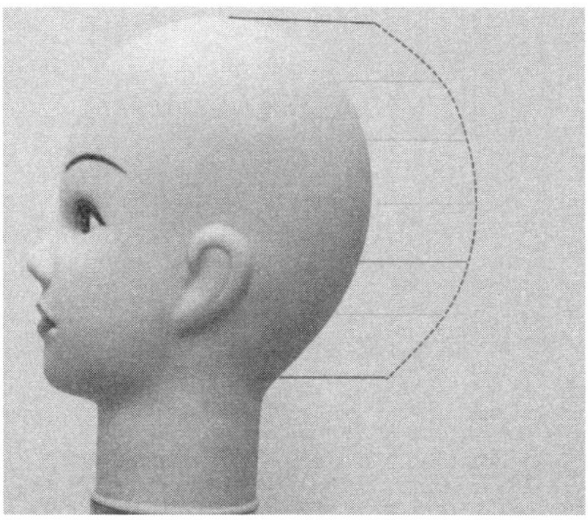

[그림 13-4 ➤ 유니폼 레이어(Uniform Layer)]

❹ 실습

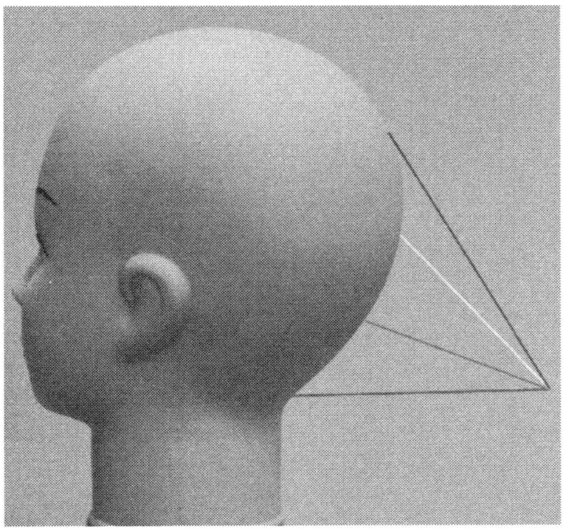	
	[도해도를 그려보세요.]

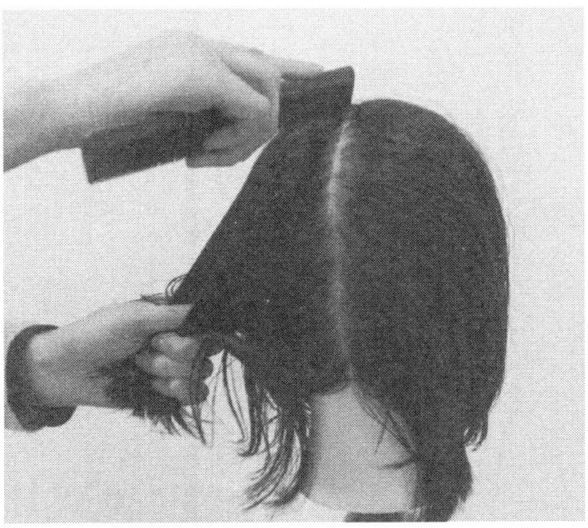	[이곳에 실습 사진을 붙이세요.]
노파트 블로킹	[커트라인 도해도를 그려보세요.]

	[이곳에 실습 사진을 붙이세요.]
네이프부터 시작	

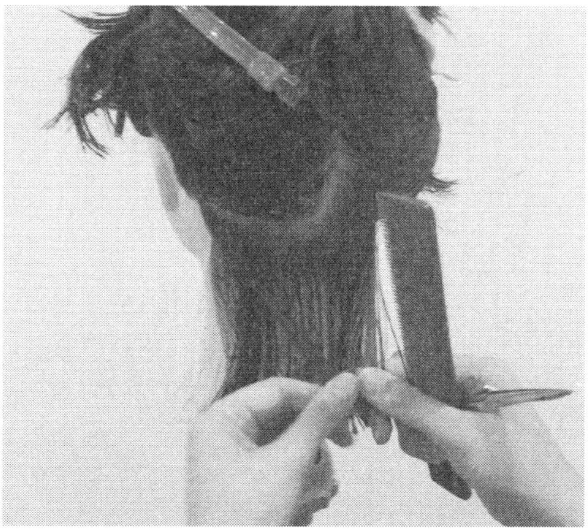	[이곳에 실습 사진을 붙이세요.]
가이드를 정하고 대칭 확인	

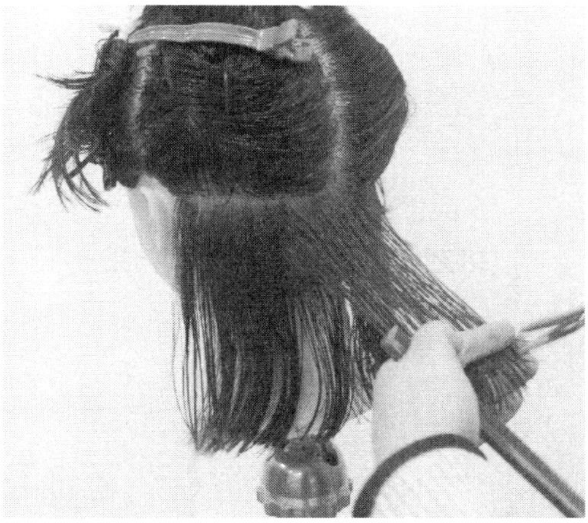	[이곳에 실습 사진을 붙이세요.]
90° 로 시술하기	

	[이곳에 실습 사진을 붙이세요.]
크로스 체크	

	[이곳에 실습 사진을 붙이세요.]
각도에 유의	

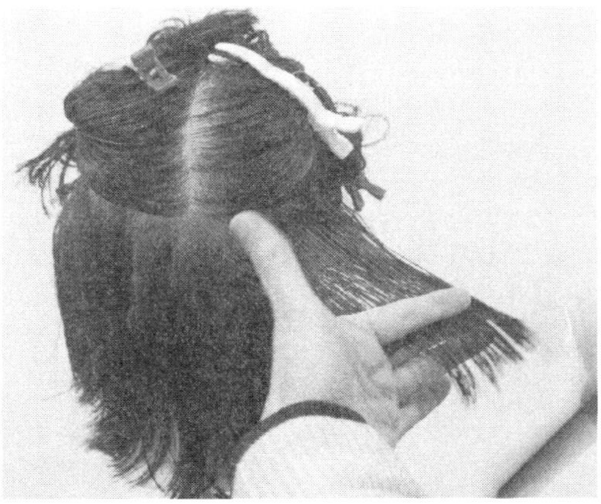	[이곳에 실습 사진을 붙이세요.]
두상 각도 90°	

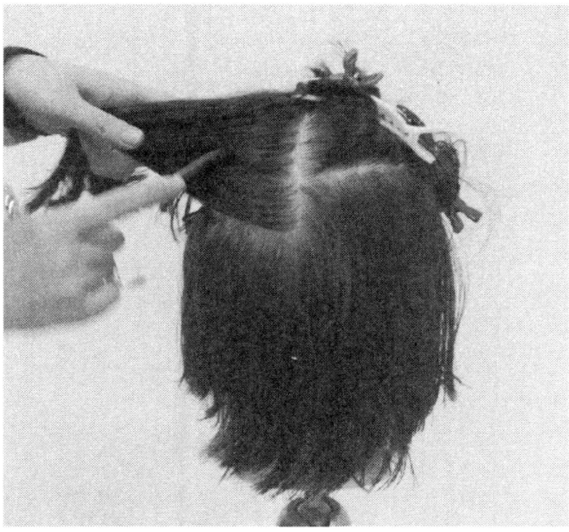	[이곳에 실습 사진을 붙이세요.]
슬라이스 2cm	

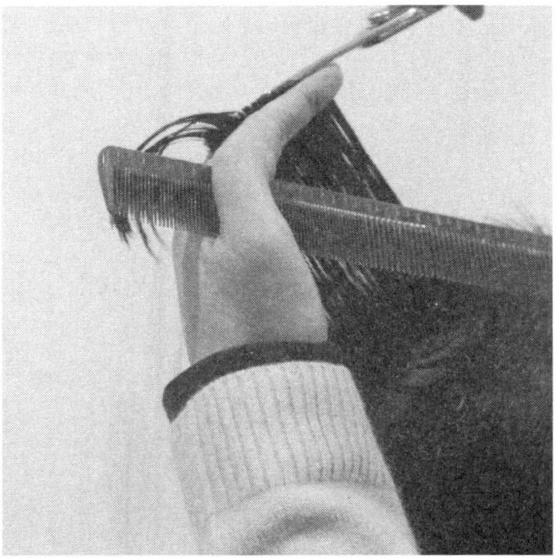	[이곳에 실습 사진을 붙이세요.]

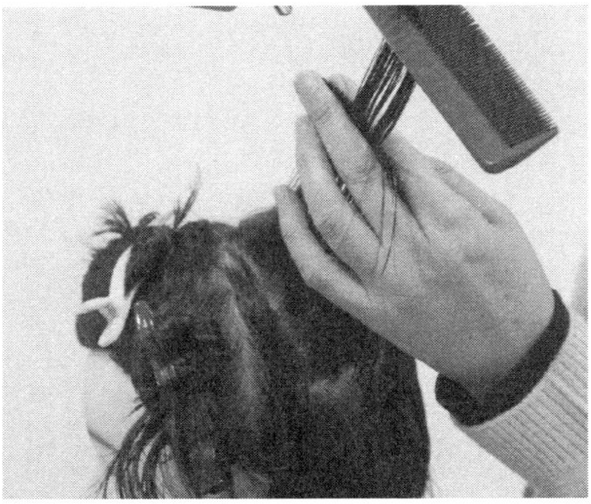	[이곳에 실습 사진을 붙이세요.]
두상각의 90°	**[옆면 도해도를 그려보세요.]**

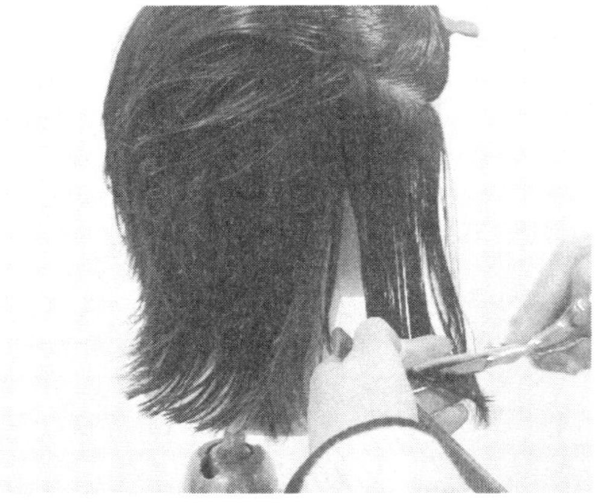	[이곳에 실습 사진을 붙이세요.]
사이드 첫 번째는 낮은 시술각으로 하기	

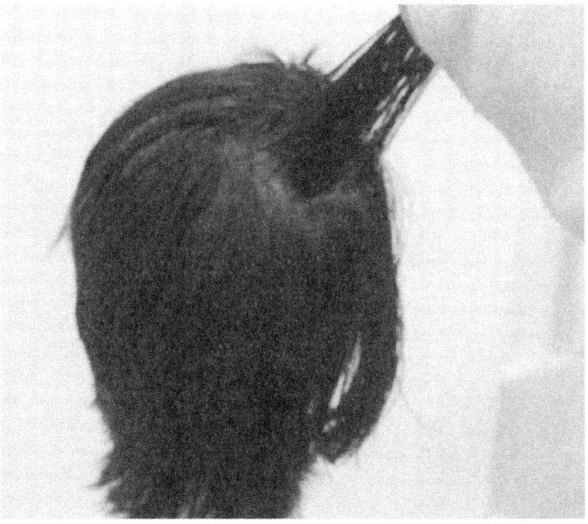	[이곳에 실습 사진을 붙이세요.]

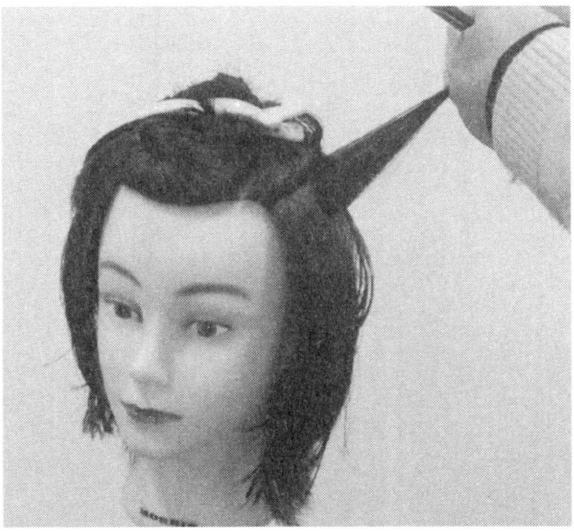	[이곳에 실습 사진을 붙이세요.]

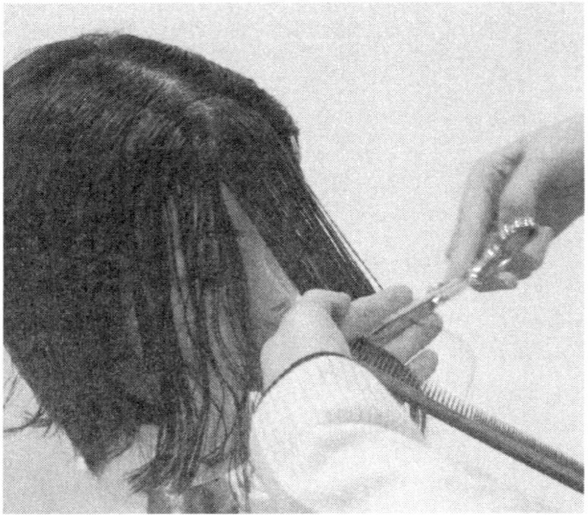	[이곳에 실습 사진을 붙이세요.]
앞머리 가이드 정하기	

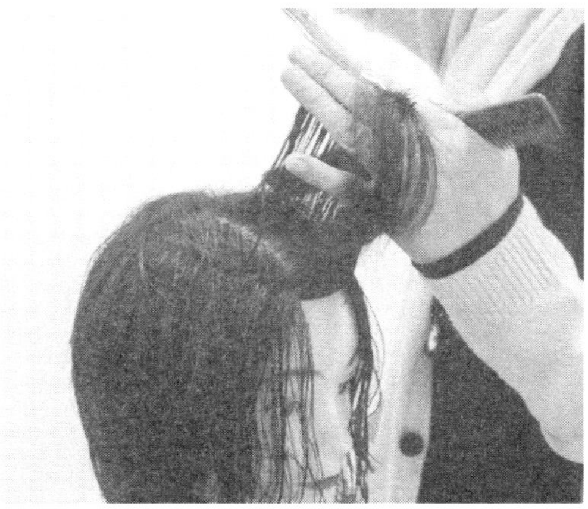	[이곳에 실습 사진을 붙이세요.]
가이드에 따라서 커트시술하기	

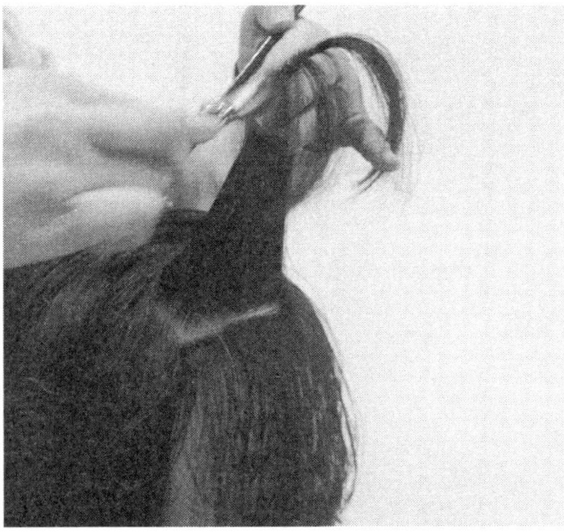	[이곳에 실습 사진을 붙이세요.]
가이드에 따라서 커트시술하기	

	[이곳에 실습 사진을 붙이세요.]

	[이곳에 실습 사진을 붙이세요.]

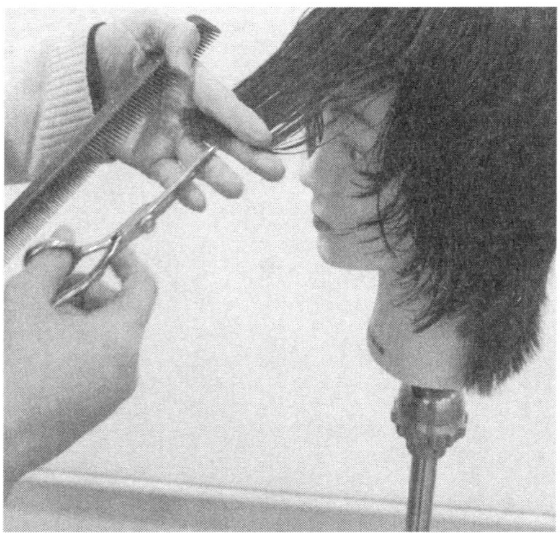	[이곳에 실습 사진을 붙이세요.]

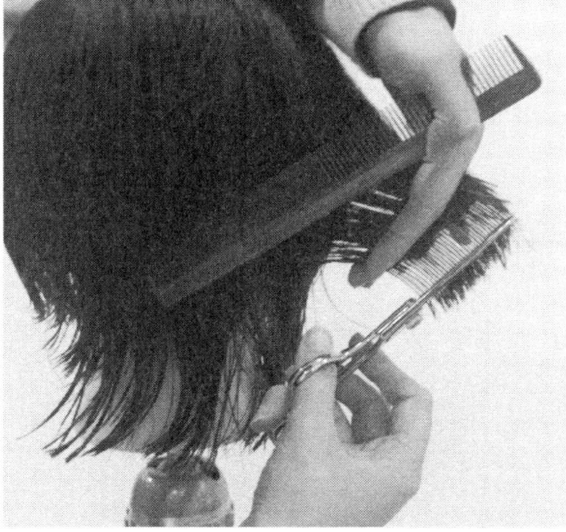	[이곳에 실습 사진을 붙이세요.]
틴닝가위 사용하여 테이퍼링하기	

	[이곳에 실습 사진을 붙이세요.]

	[이곳에 실습 사진을 붙이세요.]

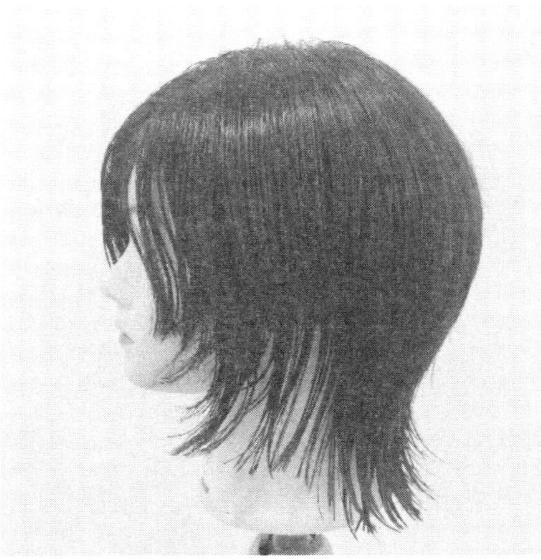	[이곳에 실습 사진을 붙이세요.]
완성	**[완성사진 붙히기]**

14주차

레이어 커트 2(유니폼 레이어)

1 학습모듈 개요

① 모발 표면에 층이 연속적으로 난다.
② 두피에서 90°각도로 온 더 베이스로 커트한다.
③ 이동 가이드라인으로 커트한다.

2 학습목표

① 일반 헤어커트용 가위인 블런트 가위를 정확하게 사용할 수 있다.
② 정확하고 올바른 자세로 커트할 수 있다.
③ 레이어 커트를 위하여 블로킹과 슬라이스 시술각도를 조절할 수 있다.

3 페이스 라인 커트기법

① 센터 포인트(C.P) 두발을 90°로 들어 커트한다.
② 수직섹션으로 슬라이스한다.
③ 온 베이스 한다.
④ 각 포인트에서 90°로 10cm 커트하여 연결한다.

4 유니폼 레이어 커트 시술 준비

파트(Part)	노 파트(No Part)
블로킹(Blocking)	5등분
앞뒤단차	층의 연속
슬라이스(Slice) 폭	1 ~ 2cm
시술각(Projection)	90°(일반시술각)
섹션(Section)	수직과 수평섹션 병행
베이스(Base)	온 더 베이스(On The Base)
분배(Distribution)	직각분배
고정 가이드라인 (Stationary Guide Line)	네이프 라인(Nape Line)에서 10cm

④ 실습

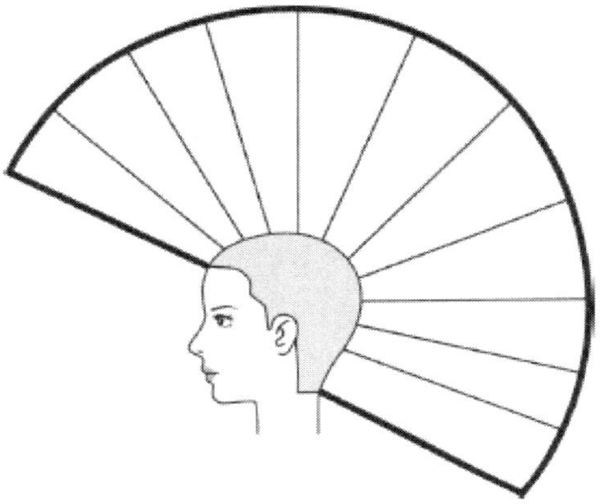	
선 : 수평	[전개도 90° 직각을 넣어 그려보세요.]

[이곳에 이미지 사진을 붙이세요.]	[이곳에 실습 사진을 붙이세요.]
출처 확인	[커트라인 도해도를 그려보세요.]

[이곳에 실습 사진을 붙이세요.]	[이곳에 실습 사진을 붙이세요.]

[이곳에 실습 사진을 붙이세요.]	[이곳에 실습 사진을 붙이세요.]

[이곳에 실습 사진을 붙이세요.]

[이곳에 실습 사진을 붙이세요.]

[이곳에 실습 사진을 붙이세요.]

[이곳에 실습 사진을 붙이세요.]

교수·학습 방법

1 교수 방법

① 정확하고 올바른 커트자세를 설명한다.
② 레이어커트를 위한 블로킹을 설명한다.
③ 레이어커트를 위한 슬라이스를 설명한다.
④ 레이어커트를 위한 시술각도를 설명한다.

2 학습 방법

① 헤어커트용 가위인 블런트 가위 사용법을 정확하게 이해하고 사용할 수 있게 한다.
② 정확하고 올바른 커트자세로 커트할 수 있다.
③ 레이어커트를 위한 블로킹 설명을 잘 이해하고 실습하여 커트 시 적용할 수 있게 한다.
④ 레이어커트를 위한 슬라이스 설명을 잘 이해하고 실습하여 커트 시 적용할 수 있게 한다.
⑤ 레이어커트를 위한 시술각도 설명을 잘 이해하고 실습하여 커트 시 적용할 수 있게 한다.
⑥ 레이어커트를 할 수 있다.

학습정리

1. 헤어커트용 가위인 블런트 가위 사용법과 빗질 사용법을 능숙하게 사용할 수 있도록 연습한다.
2. 언더, 미들, 오버 부분의 정확하고 올바른 커트자세를 취할 수 있다.
3. 2블로킹, 3블로킹, 4블로킹 등 디자인에 따른 블로킹을 나눌 수 있다.
4. 슬라이스, 섹션의 종류에 따른 시술을 정확하게 할 수 있다.
5. 두피와 시술각도를 정확하게 이해하여 커트 시 적용한다.
6. 유니폼 레이어 커트를 할 수 있다.

직무능력평가서[2차]

담당교수	유세은	교과목명	기초헤어실습
학 번		능력단위명 (능력단위코드)	기본 헤어커트 (1201010105-14v2)
이 름			
평가일자			

영역 (능력단위요소)	평가내용(수행준거)	평가구분		판정	
		과정 평가	결과 평가	Y	N
기본 헤어커트 준비하기 (1201010105-14v2.1)	1.1 고객에게 어깨보, 커트보, 가운 등을 착용해 줄 수 있다.				
	1.2 헤어커트 유형에 따라 모발의 수분 함량을 조절할 수 있다.				
기본 헤어커트 시술하기 (1201010105-14v2.2)	2.1 일반 헤어커트용 가위인 블런트 가위를 정확하게 사용할 수 있다.				
	2.2 정확하고 올바른 자세로 커트할 수 있다.				
	2.3 기본 헤어커트를 위해 블로킹을 할 수 있다.				
	2.4 기본 헤어커트를 위해 슬라이스를 할 수 있다.				
	2.5 기본 헤어커트를 위해 시술각도를 조절할 수 있다.				
	2.6 원랭스, 그레쥬에이션, 레이어 유형을 커트할 수 있다.				

영역 (능력단위요소)	평가내용(수행준거)	평가구분		판정	
		과정 평가	결과 평가	Y	N
기본 헤어커트 마무리하기 (1201010105-14v2)	3.1 고객의 얼굴과 목 등에 묻은 잔여 머리카락을 제거할 수 있다.				
	3.2 사용한 헤어커트 도구와 시술한 주변을 즉시 정리·정돈 할 수 있다.				
	3.3 시술 후 고객 만족도를 파악하여 필요한 경우 수정·보완하는 헤어커트를 할 수 있다.				
	3.4 헤어커트 유형에 적합한 도구와 기법으로 헤어스타일을 마무리 할 수 있다.				
소계	%			점	

영역 (능력단위요소)	평가내용(K/S/A/T 포함 자율평가)	평가점수
기본 헤어커트 준비하기		
기본 헤어커트 시술하기		
기본 헤어커트 마무리하기		
합 계	%	점

평가기준				
번호	항 목	우수	보통	미흡
1	일반 헤어커트용 가위인 블런트 가위를 정확하게 사용할 수 있다.	③	②	①
2	정확하고 올바른 자세로 커트할 수 있다.	③	②	①
3	기본 헤어커트를 위해 블로킹을 할 수 있다.	③	②	①
4	기본 헤어커트를 위해 슬라이스를 할 수 있다.	③	②	①
5	기본 헤어커트를 위해 시술각도를 조절할 수 있다.	③	②	①
6	원랭스, 그레쥬에이션, 레이어 유형을 커트할 수 있다.	③	②	①
7	고객의 얼굴과 목 등에 묻은 잔여 머리카락을 제거할 수 있다.	③	②	①
8	사용한 헤어커트 도구와 시술한 주변을 즉시 정리·정돈 할 수 있다.	③	②	①
9	시술 후 고객 만족도를 파악하여 필요한 경우 수정·보완하는 헤어커트를 할 수 있다.	③	②	①
10	헤어커트 유형에 적합한 도구와 기법으로 헤어스타일을 마무리 할 수 있다.	③	②	①

피드백

1. 헤어커트용 가위인 블런트 커트를 정확히 사용
2. 정확하고 올바른 자세로 커트할 수 있음
3. 파팅에 대한 시술 확인
4. 슬라이스와 시술각도에 대한 시술 확인
5. 레이어 커트에 대한 확인

MEMO

학습모듈
A- 3

기본 헤어커트 마무리하기

15주 직무평가

16주 심화학습

15주차

직무평가

직무능력평가서[3차]

담당교수	유세은	교과목명	기초헤어실습
학 번		능력단위명 (능력단위코드)	기본 헤어커트 (1201010105-14v2)
이 름			
평가일자			

영역 (능력단위요소)	평가내용(수행준거)	평가구분		판정	
		과정평가	결과평가	Y	N
기본 헤어커트 준비하기 (1201010105-14v2.1)	1.1 고객에게 어깨보, 커트보, 가운 등을 착용해 줄 수 있다.				
	1.2 헤어커트 유형에 따라 모발의 수분 함량을 조절할 수 있다.				
기본 헤어커트 시술하기 (1201010105-14v2.2)	2.1 일반 헤어커트용 가위인 블런트 가위를 정확하게 사용할 수 있다.				
	2.2 정확하고 올바른 자세로 커트할 수 있다.				
	2.3 기본 헤어커트를 위해 블로킹을 할 수 있다.				
	2.4 기본 헤어커트를 위해 슬라이스를 할 수 있다.				
	2.5 기본 헤어커트를 위해 시술각도를 조절할 수 있다.				
	2.6 원랭스, 그레쥬에이션, 레이어 유형을 커트할 수 있다.				
기본 헤어커트 마무리하기 (1201010105-14v2)	3.1 고객의 얼굴과 목 등에 묻은 잔여 머리카락을 제거할 수 있다.				
	3.2 사용한 헤어커트 도구와 시술한 주변을 즉시 정리·정돈 할 수 있다.				
	3.3 시술 후 고객 만족도를 파악하여 필요한 경우 수정·보완하는 헤어커트를 할 수 있다.				
	3.4 헤어커트 유형에 적합한 도구와 기법으로 헤어스타일을 마무리 할 수 있다.				
소계	%			점	

영역 (능력단위요소)	평가내용(K/S/A/T 포함 자율평가)	평가점수
기본 헤어커트 준비하기		
기본 헤어커트 시술하기		
기본 헤어커트 마무리하기		
합 계	%	점

평가기준				
번호	항 목	우수	보통	미흡
1	일반 헤어커트용 가위인 블런트 가위를 정확하게 사용할 수 있다.	③	②	①
2	정확하고 올바른 자세로 커트할 수 있다.	③	②	①
3	기본 헤어커트를 위해 블로킹을 할 수 있다.	③	②	①
4	기본 헤어커트를 위해 슬라이스를 할 수 있다.	③	②	①
5	기본 헤어커트를 위해 시술각도를 조절할 수 있다.	③	②	①
6	원랭스, 그레쥬에이션, 레이어 유형을 커트할 수 있다.	③	②	①
7	고객의 얼굴과 목 등에 묻은 잔여 머리카락을 제거할 수 있다.	③	②	①
8	사용한 헤어커트 도구와 시술한 주변을 즉시 정리·정돈 할 수 있다.	③	②	①
9	시술 후 고객 만족도를 파악하여 필요한 경우 수정·보완하는 헤어커트를 할 수 있다.	③	②	①
10	헤어커트 유형에 적합한 도구와 기법으로 헤어스타일을 마무리 할 수 있다.	③	②	①

피드백

1. 헤어커트용 가위인 블런트 커트를 정확히 사용
2. 정확하고 올바른 자세로 커트할 수 있음
3. 파팅에 대한 시술 확인
4. 슬라이스와 시술각도에 대한 시술 확인
5. 레이어커트에 대한 확인

평가결과서

담당교수	유세은	교과목명	응용헤어커트
학 번		능력단위명 (능력단위코드)	1201010106_14v2.1 응용헤어커트 준비하기
이 름			1201010106_14v2.2 응용헤어커트 시술하기
평가일자			1201010106_14v2.3 응용헤어커트 마무리하기

종합 평가 점수	구 분	배점	점 수	환산점수	비 고
	출석평가	20			
	직무능력평가 1차	20			
	직무능력평가 2차	30			
	직무능력평가 3차	30			
	재평가 지침	–	–		향상교육 이후
	합 계	100%			

성취수준 판정

판정결과	성취수준		성취결과	
종합의견				

판정기준	성취수준	수행정도	평가점수 (예시)
	5	해당 지식과 기술을 확실하게 습득하여 직무수행에 필요한 기술적 사고력과 문제 해결력을 토대로 주도적으로 완벽한 작업을 수행 할 수 있다.	90 ~ 100
	4	해당 지식과 기술을 습득하여 직무수행에 필요한 기술적 사고력과 문제 해결력을 토대로 작업을 수행할 수 있다.	80 ~ 90
	3	해당 지식과 기술을 대부분 습득하여 직무수행에 필요한 지식과 기술을 가지고 대부분의 작업을 수행할 수 있다.	70 ~ 79
	2	해당 지식과 기술을 부분적으로 습득하여 직무수행에 필요한 지식과 기술을 가지고 타인과 공동으로 작업을 수행할 수 있다.	60 ~ 69
	1	해당 지식과 기술을 습득하는데 부족함이 있어 타인의 도움을 받아야만 작업을 수행할 수 있다.	59 이하

16주차

심화학습

참고문헌

Basic Cut(베이직 컷), 저자 김주섭 외 5명, 도서출판 구민사

Ladies Cut Basic (레이디 컷), 저자 공복례, 도서출판 구민사

응용헤어커트(헤어미용 직무능력 표준모듈교재)저자 유세은 · 김주섭 · 이은진 · 김찬수, 도서출판 구민사

저자약력

유세은
여주대학교 뷰티미용과 학과장
건국대학교 미생물공학전공 이학박사
이용장, 미용장

National Competency Standards **NCS**
http://www.ncs.go.kr

헤어미용 **직무능력표준** 학습모듈

기본 **헤어커트** 실습서

초판인쇄	2016년 3월 15일
초판발행	2016년 3월 20일
저자	유세은
발행인	**조규백**
발행처	도서출판 **구민사** (07301) 서울특별시 영등포구 문래로 187, 604(영등포동4가, 동서빌딩)
전화	(02) 701-7421(~2)
팩스	(02) 3273-9642
홈페이지	www.kuhminsa.co.kr
등록	제14-29호(1980년 2월 4일)
ISBN	979-11-5813-232-3 [13500]
값	**12,000**원